U0186800

被隐瞒的
外星人

[美] 莱恩·卡斯腾——著

朱亚光——译

广东旅游出版社
GUANGDONG TRAVEL & TOURISM PRESS

中国·广州

广东省版权局著作合同登记号：图字：19-2023-317 号

图书在版编目（CIP）数据

　　被隐瞒的外星人 / （美）莱恩·卡斯腾著；朱亚光
译 . — 广州：广东旅游出版社，2024.4
　　书名原文：Secret Journey to Planet Serpo
　　ISBN 978-7-5570-3250-0

　　Ⅰ . ①被… Ⅱ . ①莱… ②朱… Ⅲ . ①外星人 – 普及
读物 Ⅳ . ① Q693-49

中国国家版本馆 CIP 数据核字 (2024) 第 055210 号

出 版 人：刘志松
策划编辑：魏　傩　绿香蕉
责任编辑：王湘庭
封面设计：別境Lab
责任校对：李瑞苑
责任技编：冼志良

被隐瞒的外星人
BEI YINMANDE WAIXINGREN

广东旅游出版社出版发行
（广东省广州市荔湾区沙面北街71号首、二层）
邮编：510130
电话：020-87347732（总编室）020-87348887（销售热线）
投稿邮箱：2026542779@qq.com
印刷：天津中印联印务有限公司
地址：天津市宝坻区天宝工业园宝富道 17 号 Z1 号
开本：710 毫米 ×1000 毫米 16 开
字数：212 千字
印张：20.75
版次：2024 年 4 月第 1 版
印次：2024 年 4 月第 1 次
定价：59.80 元

目录　　　　　　　　　Contents

火花（小女孩昵称）：

"嘿，老爸！你说真的有外星人吗？"

爸爸：

"我不知道，宝贝。但我觉得，如果宇宙中只有我们地球人，那似乎太浪费空间了。"

—— 《超时空接触》（*Contact*）（1997年，华纳兄弟影业）

编剧：约翰·V.哈特（John V. Hart）和迈克尔·戈登堡

（Michael Goldenberg）

改编自卡尔·萨根（Carl Sagan）的同名小说《超时空接触》

序言

伊丽莎白一世：一出戏？喜剧还是悲剧？

演员：回女王陛下，是喜剧。

伊丽莎白一世：喜剧？出自谁的手笔？

演员：回女王陛下，是匿名者。

伊丽莎白一世：匿名者？他的诗句真令我着迷。

——《匿名者》（*Anonymous*）

哥伦比亚电影公司出品（2011）

编剧：约翰·奥罗夫（John Orloff）

"匿名者"与"水晶骑士计划"

首先，请允许我自我介绍一下。我叫……匿名者，是一名退休的美国公务员。我曾经参与过一项特殊的政府计划，至于其他的事，请恕我无可奉告。

这段文字来自一封发送给维克托·马丁内斯（Victor Martinez）的电子邮件。马丁内斯主持并管理着全网规模最大、最负盛名的一个围绕太空相关话题的电邮论坛，名叫"不明飞行物话题清单"（UFO Thread List）。马丁内斯于 2005 年 11 月 2 日收到该邮件，自此便开启了政府工作透明化的新时代。他从邮件中得知了政府的许多不为人知的惊天大秘密，而且都与外星人来访有关。匿名者之后又陆续发来更多的邮件，而且内容一次比一次劲爆。截至 2006 年 8 月 21 日，他一共发来 18 封邮件。而后，他又在 2007 年 6 月 4 日至 2011 年 4 月 13 日之间发来 14 封邮件，揭露了此前被政府列为最高机密的"绝密字码"信息。

匿名者在论坛上发布的邮件内容主要是关于罗斯威尔事件（见第三章）之后的故事。那场空难促成了一项星际交流计划：1965 年，我们用一艘外星飞船把 12 名美国空军送上了一颗遥远的星球。该计划由美国国防情报局（DIA，简称"国情局"）指挥和监管。国情局称其为"水晶骑士计划"（Project Crystal Knight），而这位匿名者据说就是当年参与该计划的一名国情局官员。这项计划如今更常见的名字是"赛泊①计划"（Project Serpo）。

可信度、"不明飞行物话题清单"论坛和"赛泊计划"网站

匿名者发给论坛的第一封邮件立刻引发了老用户们的讨论。吉恩·罗斯克夫斯基 [Gene Loscowski，真名为吉恩·拉克斯（Gene Lakes）] 说："这人是谁呀？大部分信息都是百分之百正确的。"保罗·麦戈文（Paul McGovern）说："有点儿意思，但也不是完全准确。"用户"匿名

---

① 即后面提到的埃本人居住的星球名。——编者注

者2"说："他对罗斯威尔事件的描述和我在历史档案《红皮书》(*Red Book*) 里面看到的几乎一模一样。当然，书里记录了更多的细节，比如坠毁地点和找回的飞碟。"

这些留言者显然或多或少地知道关于那项秘密计划的一些内幕，由此也能肯定"水晶骑士计划"是真实存在的，而匿名者揭露的故事也基本上是正确的。值得注意的是，论坛上几乎所有的参与者都不单单是不明飞行物事件的爱好者，从某种程度上来说，他们可以算得上"局内人"，比如有的参与过调查，有的甚至遭遇过外星人的绑架。这些人多有政府背景，而且有不少人能接触到机密信息。正因如此，匿名者才选择向他们揭露这些重大秘密。之后给这个不明飞行物话题论坛专门创建了网站的比尔·瑞安（Bill Ryan）是这样说的：

> 论坛当时大约有150名成员，其中包括许多在不明飞行物方面和相关研究以及前沿科学方面非常著名的人士……这些论坛成员对于匿名者爆料的真实性看法不一。不过，这个论坛整体的权威性仍然不容小觑。这场泄密风波不仅引发了大量富有见地的讨论，更重要的是，美国情报和军事部门中的诸多高级官员都在认真研究这些内容。

随着匿名者不断在论坛上发布与这项计划有关的细节，论坛成员中原先那些质疑赛泊计划的声音几乎都听不到了。人们很快便清楚地意识到，如此大量的证据和细节披露——其中一些内容为成员所亲历，或是他们早已听说过的——证明这一切绝非杜撰。因此，在2005年12月21日，论坛成员决定创建一个网站，专门发布匿名者揭露的真相。为此，长期活跃在论坛且德高望重的英国人比尔·瑞安主动请缨，创建并运营了这个网站，网址是 www.serpo.org。

网站内容最终变得十分丰富，其中有其他匿名用户提供的消息，还有马丁内斯发表的帖子，他在里面对匿名者和其他知情人透露的信息进行了补充解释。最终，这个网站变得如同一部《政府惊天内幕大全》，揭露了我们与来自银河系的外星人之间的关系。

《红皮书》

2006年6月16日，匿名者在赛泊网站上发布的一则消息，彻底打消了人们对于他的真实身份和他在赛泊计划中所扮演角色的质疑。在那封邮件中，他宣称自己是《红皮书》的编订者。由于他的文字用的都是现在时态[①]，我们可以断定他在2006年仍在担任该职务。那些参与过不明飞行物秘密调查和接触过外星人的政府高层对这本神秘之"书"再熟悉不过了。匿名者是这样形容这本《红皮书》的：

赛泊网站开发者比尔·瑞安

《红皮书》是一部体量极大、内容翔实的记录性综述，由美国

---

① 英文分现在时、过去时和将来时等几种时态，通常现在时表示事情还在或正在发生。——编者注

政府汇编整理而成，内容关于美国政府从1947年至今所做的不明飞行物调查。这本橘棕色封皮的书每5年更新一次。

2007年8月9日，匿名者发布了如下信息，详细解释了《红皮书》的使用方法，并透露了他为编纂该书所担任的具体职责：

……《红皮书》的内容确实会定期更新，或在必要时更新，视具体情况而定。

实际发生的情况是，当收到一则不明飞行物报告后，如果接报的政府机关，无论是军事机关或民政机关认定是可信的，那么报告将会被转发给一个特殊的政府部门进行下一步分析，经审核后，再发送给一个特别小组进行最终审阅，以判断是否能将该报告的内容收录进《红皮书》。

……我知道这些事情是因为……我曾担任过好几版《红皮书》的编辑工作，并为多位美国在任总统撰写其摘要，所以这一切都不是我的信口开河。我所说的"编辑工作"不能按照你们熟悉的字面意思去理解。因为我不像你们处理有关赛泊计划的材料那样，对那些最终收录进每一版《红皮书》的成百上千篇报告的语法和标点符号进行更正或审查。

我所做的只是展示最重要、最引人注目的案例，并将其收录进《红皮书》，并递交一份由我和其他人撰写的分析报告，内容关乎于任何外星生命体（ETE）事件的发展趋势、目击情形和人类与它们的联系，以及我们的政府乃至整个地球可能面临的安全问题。我在其中的职责就是撰写摘要，并将它呈递给当时的美国总统。一旦出现了威胁到国家安全的事件，《红皮书》每5年一次的更新便会被叫停，不过这种情况不太可能发生，因为我们与那些外星人访客的关系颇为不错。

　　我们的确有来自其他9个星系的访客。比如"灰人"(Gray)，有些人认为它们和"埃本人"(Eben)很像，其实不然。它们来自半人马座阿尔法星A(Alpha Centauri A)附近的一颗行星。另一类访客来自位于狮子座的G2星系。还有一类访客来自波江座第五恒星(Epsilon Eridani)的G2星系。我们用代码ETE-X对访客进行区分，比如，ETE-2指"埃本人"，ETE-3指"灰人"，等等。

　　《红皮书》中列出了9种不同类型的访客。我们最近发现，有些访客虽属同一种族，但都是"无思想的生命体"。它们是在实验室里培育出的杂交物种，而非自然诞生的。尽管这些生物拥有智力，并能自己做决定，但它们更像机器人。它们或许就是有些人报告的"有敌意"的访客。

　　从匿名者与《红皮书》之间千丝万缕的联系，以及他向总统递交简报的经历来看，他显然是情报界中与外星人联络的上层。虽然他从未提及，但他极有可能是（或者曾经是）Majestic 12 (MJ-12) ——一个由哈里·S.杜鲁门总统设立的专门处理外星事务的秘密组织的成员之一，因此，他对赛泊计划的爆料应该是真实的。

"匿名者"与国情局

　　在与论坛成员后续的交流中，匿名者透露他并非一个人单独行动，而是隶属于国情局某个行动小组。比尔·瑞安在网站的介绍中写道：

　　　　据匿名者透露，他不是一个人单独行动，而是隶属于一个由6名国情局成员组成的团队联盟，其中包括3名现任雇员和3名前雇员。他是团队的首席发言人……在向维克托·马丁内斯发送的邮件中，匿名者撰写了85%的内容，另外13%来自一位和该计划有密切关系的知情人士，至于剩下的1%～2%的信息则来自一名"幽灵"用户，他发完信息后立即注销了自己的电子邮件账户。

授权

这些来自匿名者和国情局六人小组（DIA-6）的爆料绝非一时的心血来潮，而是得到了国情局最高首脑的授意。目前还不清楚的是，发出授权之人到底是来自美国情报界中比国情局级别更高的行政管理部门，还是来自MJ-12组织。正如本书第六章中所述，国情局由约翰·肯尼迪总统创立，创立的部分原因是为了让情报网络更多地考虑公众利益，而不是一味使用高压手段蛮横行事。因此，国情局自创立之初就大力倡导公开透明的政策，而这种理念始终烙印在它的基因中。

国情局六人小组揭露的这些内幕刚好体现了这一理念。维克托·马丁内斯在国情局短暂的就职期间引用过一位美国国防部官员接受《华盛顿邮报》采访时所说的话："我们要像CNN①做新闻那样做情报工作。"（见附录8）

读者完全可以相信匿名者发布的文章是真实的，因为他现在年事已高，业已退休，显然不太可能在这个时候突然决定杜撰一份极其复杂的政府内幕。在今天这个时代，他何必去编造这种近乎科幻片的离奇故事呢？何况他也一把年纪了，完全没必要去蹚这趟浑水。而且他给出的所有信息都与《红皮书》中的如出一辙，这似乎也有力地推

---

① CNN指美国有线电视新闻网。CNN每周7天，每天24小时进行全球直播新闻报导。面对突发的新闻，CNN都会第一时间做现场报导。——译者注（后文若无特殊说明，脚注均为"译者注"。）

翻了造谣的可能。单单是大量的细节描述就足以表明这个故事不太可能是他想象出来的，因为如果真是那样，那他的创作才能足以与科幻小说界的儒勒·凡尔纳（Jules Verne）、赫伯特·乔治·威尔斯（H. G. Wells）和艾萨克·阿西莫夫（Isaac Asimov）等大师比肩了！

为什么是现在？

有一种可信度较高的猜测：一位在政府情报部门身居要职的老特工，因为受到肯尼迪总统大力倡导的"公开透明"政策的感召，决定在垂暮之年将我们与外星人来往的惊人真相公之于众。这就相当于"哪怕刀山火海，也要勇往直前"和"讲真话，剩下的交给上帝"①。匿名者之所以选择在2005年11月2日公布这些消息，是因为那天正好距离1980年完成"水晶骑士计划"的任务执行情况报告整整25年，而政府允许解密和披露秘密档案的时间就是在档案建成的25年后。综上，我只能借用伊丽莎白一世的话来表达我的心情："他的诗句真令我着迷。"

背景介绍

讲赛泊计划，我觉得有必要先在本书的第一部分讲讲1947年罗斯

---

① 此处原文引用了两条英文俚语，分别为 "Damn the torpedoes, full speed ahead." 和 "Tell the truth, and let the chips fall where they may."。前者出自美国海军上将大卫·法拉格特（David Farragut）在南北战争中的一句命令，直译为"让鱼类见鬼去吧，我们要全速前进"。后者是美国人惯用语。

威尔事件之前的故事，这样读者才不会觉得罗斯威尔事件是我们第一次接触到反重力飞船或者外星人。事实上，在罗斯威尔事件发生之前，美国军方至少已经和这类飞行器打过5年交道了。此外，更重要的是，自20世纪30年代以来，我们一直都知道这个星球上有外星人存在，而且我们也在第二次世界大战中了解了他们所扮演的角色[①]。所以，至少对军队来说，罗斯威尔事件并没有造成任何形式的文化冲击。我之所以觉得有必要交代罗斯威尔事件之前的历史（这些事以前是对公众保密的），是因为这样读者才能够体会1947年7月在事件发生之时我们军方首脑的心理状态，还能明白他们为何会在飞船坠落后立刻赶往失事地点，并友好地招待那个幸存的外星人。

他们对这一系列事件的反应其实并不像他们表现出来的那般惊讶。事实上，他们似乎对这一切早有准备，远不像1941年12月7日珍珠港偷袭事件发生时那样慌乱。然而，五角大楼[②]立马意识到外星飞船在美国国土上坠毁意味着什么，军事首脑们也自然明白此事会带来何种影响，又会对美国民众造成何种文化冲击。本书第一部分补充的关于赛泊计划的传奇往事，连同后文，就描绘出了这样一幅20世纪美国介入银河系事务的真实画卷。这个故事相当精彩，比科幻小说更匪夷所思。然而，这仅仅是故事的开篇，因为不论是多么天马行空的想法，都无法预知人类将会在21世纪谱写出什么样的篇章。

---

① 据"费城实验"幸存者艾尔·别莱克所述，1933年，富兰克林·罗斯福总统曾在中太平洋战舰"密苏里号"上会见了昴宿星人代表。别莱克称这次会面是尼古拉·特斯拉安排的。——原书注

② 美国国防部的办公大楼。

赛泊传奇

在本书的第二部分，我们将会看到一场惊心动魄的星际大冒险——12位勇敢、坚定的美国人将会离开地球母亲的温暖怀抱，远赴太空，登上一颗从来没人去过的未知星球！这种勇气可谓史无前例！或许只有第一批踏上新大陆的西班牙征服者能与之匹敌，因为他们面对的同样是一个未知的新世界，而且也要面对异族人。

但那些西班牙征服者笃定前方的异族人只是些原始的野蛮人，正是这种信念让他们无所畏惧。而参与赛泊计划的这12个人就不同了，他们自愿离开地球，踏入陌生的外星文明，克服前方未知的艰难险阻，和一群长相、行为和思想都与地球人迥异的外星人一起生活——那些外星人显然拥有更高的智慧，因为他们有足够的技术条件自由地穿越太空。这12个人将生活在一个陌生的世界里，得不到地球上任何朋友和爱人的安慰，因为浩瀚的太空切断了他们之间的一切联系。

千万不要认为他们的勇气仅仅是出于一种冒险精神，或者认为生活在这样一个迥然不同的新世界产生的兴奋感能打消他们内心的恐惧与忧虑。这种勇气势必源于一种对于提升人类对银河系生命认知的决心。在他们的内心深处，肯定有一些微弱的声音在不断地对他们说，是时候让人类走进太空了，而克里斯托弗·哥伦布的脑海中也曾经出现过类似的声音，那个声音告诉他，人类必须将自己赖以生存的星球全部探索一番。

因此，他们12位都不是寻常之人，这样的勇气和胆识是旁人连想都不敢想的，而且，我们甚至还不知道他们的名字呢！政府严格规定他们必须隐匿身份，但几乎可以肯定的是，未来的某一天，某个地方一定会立起一座碑，来纪念这些勇闯太空的先驱。或许是在美国航空航天局（NASA，简称"宇航局"），或许是在休斯敦，又或者是在肯尼迪角①。但其实最应该把它立在华盛顿国家广场②,这样才能永远提醒游人与访客,曾经有12位勇敢的美国人穿越银河系,抵达一颗遥远的星球,将人类的认知和经验推上一个新台阶。

埃本科技与《第三类接触》

本书的第三部分解答了两个问题,相信会是看完整个故事的人非常想知道的。一个就是关于埃本人的科技。了解他们的科学技术或许是派遣赛泊探险队前往这颗遥远星球的主要原因,所以有必要仔细讲讲这块内容,看看埃本人的科技与地球科技有什么不同之处。因此,我认为有必要把这一重要内容单独列成一章。

众所周知,在史蒂文·斯皮尔伯格导演的经典电影《第三类接触》(*Close Encounters of the Third Kind*)中,最后一幕是12名美军登上外星飞船返回他们星球的画面。那么,这本书的读者或许会问,那个场景真实存在过吗?它描绘的是否就是赛泊探险队登上埃本人的飞船离开地球的情景呢?我们认为这是个十分关键的问题,值得用整整一章的篇幅来对比那部电影和真实的故事,而最后得出的结论令人震惊。

---

① 肯尼迪角附近有肯尼迪航天中心和卡纳维拉尔空军基地,美国宇航局所有载人航天器都是从这里发射升空的。前面的休斯敦则有美国最大的航天研究、生产及控制中心。

② 华盛顿国家广场:美国华盛顿特区的一个开放型国家公园。从林肯纪念堂延伸到国会山,包括华盛顿纪念碑、国家历史博物馆、罗斯福纪念馆等著名建筑物。

附录

　　附录部分是构成这个故事非常重要的一环。里面给出了关于这段旅程的诸多细节，其中有很多技术性很强的内容，这些不适合放在主体部分。对于赛泊故事中涉及的一些信息，有必要用事实、数据和背景知识进行补充说明，我把这些内容简要记录在本书的第三部分，是为省去在各章节中添加一大串庞杂脚注的麻烦。

　　我一共列出了 13 条附录，每一条都不可或缺，少了任何一条你都无法深刻体会这趟史诗般的历险。正是在这一部分，我们了解到诸多细节，比如赛泊探险队一共携带了重达 45 吨的物料和设备，其中有披头士和莫扎特的音乐唱片、3 辆吉普车和 24 把手枪。而且在这一部分，我们还一字不落地向罗纳德·里根总统介绍了中央情报局（CIA，简称"中情局"）的"赛泊计划"。附录 10 中介绍了从 1953 年开始我们是如何在埃本人的帮助下复制出一艘外星飞船的。

　　不过，最重要的可能要算附录 12 中"公众习服计划"（Public Acclimation Program）的目标大揭秘吧。这份简单命名为"纲要"的文件证实了自 1947 年以来每位不明飞行物调查人员和研究人员都奉为真理的东西，但之前从未被披露过。

　　实际上，这份简短的总结包含了一些不明飞行物研究者 65 年来不断围攻、骚扰政府所要探寻的全部真相。这可谓是不明飞行物和外星人等相关研究领域里的"圣杯"！说到底，一旦"赛泊计划"的内容被全部曝光，一切真相便能水落石出。因此，在政府多年以来所秉持的"公开透明、诚实守信"的非凡理念下，我们一直翘首以盼的揭秘时刻终于到来了。

书还是网站?

网站是一种极不稳定的交流形式。它的存在完全取决于创建者的主观意愿,很可能在一夜之间消失。如果www.serpo.org网站被关闭,不论是因为"透明化"政策改变、政府换届,或者网站创建者一时冲动,世界上将再也找不到关于这起神奇事件的任何记录了,而我们的子孙后代也无从得知那12位来自国情局的勇士所做出的一切努力与贡献。这就是为什么我们要尽快把这些信息记录在一种可靠的媒介之上,比如书本。你手上的这本书就很好地完成了这件事。

导读：此部分存在一些虚构内容，未经任何证实。

序　幕

　　在介绍"赛泊计划"之前，有必要先给各位讲讲这次航行前发生的重要事件。通过了解历史，你就能理解为何MJ-12组织、美国总统和五角大楼决意在1965年派遣12名美国空军宇航员搭乘外星飞船前往一个遥远的星系。虽然20世纪30年代和40年代发生在德国和南极洲的事件似乎与美国政府"二战"后的太空计划相隔甚远，但它们之间存在着重要的联系。"二战"之后，纳粹在南极洲新士瓦本建造了一座坚不可摧的冰封堡垒，并在那里研发反重力碟形战斗机，这自然引起了美国军方的担忧。多亏了海军上将理查德·伊夫林·伯德①（Richard Evelyn Byrd）在1947年的"跳高行动"（Operation Highjump）中带回的情报，五角大楼才得知美军根本无法抵御这种战机的入侵，面对它们的袭击，更是毫无招架之力。那些能半空悬停、超声速飞行和瞬间改

---

① 理查德·伊夫林·伯德（1888—1957），美国海军少将，极地探险家。

变航向的飞行器可以轻而易举地击溃美国的战斗机。此外，我们从英方情报中得知，新士瓦本还泊靠了一些大型潜艇，并驻扎着一支庞大的军队，所以德军在发起毁灭性的空袭之后，还能组织有效的陆地进攻。因此，当来自泽塔网状星系①（Zeta Reticuli）的友好的埃本外星人向我们抛出橄榄枝，提出一项带我们了解他们的科技（比德军拥有的任何技术都先进得多）的外交交流计划时，我们根本无法拒绝这样的邀请。

鉴于我们已经了解到纳粹正在新士瓦本的秘密基地大力发展太空技术，而且希特勒本人很可能也在现场亲自指挥部队，所以"二战"并没有结束，美国军队要想夺得最终的胜利，就必须尽快适应星际间的交流活动。当时，埃本科学家已经来到地球帮助我们研发反重力技术，那么我们理所当然会想要去访问他们的星球，从而尽可能多地了解那个存在于银河系另一个角落的璀璨文明。

---

① 又称网罟座ζ，这是一个由泽塔1号和泽塔2号组成的双联星系统。它们距地球38光年，位于网罟座内。

第一章　德国

虽然人们普遍认为1947年7月的罗斯威尔事件是我们第一次遇到反重力碟形飞船（俗称"飞碟"），但事实并非如此。其实我们的军方对这种现象已经非常熟悉了，他们对这种飞行器的了解和接触可以追溯到第二次世界大战。要想充分体会美国军方在罗斯威尔飞碟坠毁事件发生时的心理状态，你就必须深入了解这段历史。

众所周知，德国的航空工程师早自1933年就开始研究反重力碟形飞船，到1945年，他们制造出了一种结构极其复杂且能利用电磁推进技术在超高空以闪电般速度航行的圆形飞行器。倘若"二战"再持续哪怕几个月，德军一定会有办法改进这种飞行器，让它们适合于高空作战，届时盟军的空中优势便会丧失。如此一来，我们就会输掉这场战争，因为制空权是我们的主要优势。

尽管这项高度机密的技术研发工作受到纳粹党卫军全权控制，可多亏那些潜伏于纳粹队伍中的盟军间谍，英国和美国在战争期间获得了有关这些碟形飞船的情报。艾森豪威尔将军和温斯顿·丘吉尔首相都对这些情况了如指掌，因此，当务之急是尽快结束战争。令盟军感到庆幸的是，希特勒选择了双线作战，这使他们有可能提前取得胜利。

希特勒在1941年12月11日对美国宣战时，他的远东部队还没有经历过苏联的寒冬，所以他那时仍抱有信心能火速攻下苏联。当希特勒的希望破灭后（很大程度上要归因于美英两国经摩尔曼斯克①源源不断送入苏联的军备物资、英勇的伏尔加格勒保卫战和严寒的天气），曾经所向披靡的德国军队更是遭遇了诺曼底登陆盟军的强势夹攻，很快便败下阵来。

卡尔·豪斯霍费尔

第一次世界大战中有位著名的德军将领，他是为纳粹获得反重力技术的关键人物，尽管德军在"一战"中失利，但他本人却因为这场战争而声名鹊起。1887年，年仅18岁的卡尔·恩斯特·豪斯霍费尔（Karl Ernst Haushofer）正式成为一名职业军人，进入巴伐利亚王国的炮兵学校学习，随后又在巴伐利亚军事学院受训。1896年，他娶了玛莎·迈尔·多斯（Martha Mayer-Doss）为妻，他的岳父是犹太人。而后，他在德意志帝国陆军部队中逐级晋升为军官。1903年，34岁的他进入巴伐利亚军事学院任教。在此期间，德国普鲁士部队由于在1871年的普法战争中获胜而享有极高声望。

在军事学院任教5年后，他于1908年被派往日本。他驻扎东京，在那里研究日本军事作战技术，并担任日本军队的炮兵教官。在1871年（明治时代初期）日本天皇实施中央集权制之前，日本皇军的建立完全仿照了普鲁士军队的模式，且建军初期还引进了法国、意大利和德国的顾问坐镇指导。

以下为国外搜索引擎上的非权威信息：

---

① 俄罗斯摩尔曼斯克州首府，北冰洋沿岸最大港市，受北大西洋暖流的影响，终年不冻。

截至19世纪90年代，日本皇军已经发展成为亚洲现代化水平最高的军队，装备精良，士兵训练有素、士气高昂。不过，他们只勉强算得上一支步兵部队，与同时代的欧洲军队相比，少了骑兵和炮兵。他们的作战装备皆从美国和欧洲各国购入，这导致了两个问题：一是数量匮乏；二是他们购得的为数不多的武器口径大小不一，给弹药供应造成了困难。

卡尔·豪斯霍费尔

因此，1909年，拥有扎实的炮兵专业知识且基本了解普鲁士军队纪律的豪斯霍费尔被派往日本。他抵达日本时受到日本天皇的接见，且在日本生活期间，他和家人都享受到了诸多的特权。早已熟练掌握俄法英三语的豪斯霍费尔轻松学会了日语和韩语，从而得以进入日本社会的最高阶层，与天皇势力圈子里的政治掮客们为伍。

正是在这个圈子里，豪斯霍费尔接触到了日本政治权力下的一个秘密团体，在那个团体中，天皇被视为傀儡，这就是日本人熟知的"黑龙会"。黑龙会信奉极端民族主义、军国主义和法西斯主义，除了控制日本，其势力还渗透到了东亚各国的权力中心，甚至延伸到了美国。他们不惜用暗杀和鼓吹的方式让日本实现称霸全球的目标。

双龙会

黑龙会中最核心的团体是"青龙会"，在这里，政治和经济力量被某种所谓的神秘"巫术"和"黑魔法"所控制。从表面上看，青龙会是个毫不起眼的佛教团体，里面的僧侣信奉神道教①。16世纪时，他们选择京都作为中央据点。到了19世纪，人们才发现青龙会与另一个名叫"青人会"的神秘团体之间存在着密切联系。传闻青人会的成员生活在中国西藏一个偏远的地下寺院，他们和青龙会仅保持着一种精神层面的交流："青人"们拥有"特异功能"，传说中他们能用一种神秘的巫术轻易控制青龙会的会众，但后者认为这种意念沟通对他们自身有益，而没有意识到谁在控制谁。

这些能穿越时间和预知未来的"青人"有着深远的计划，这项计划甚至一直延伸至公元5000年。他们敬佩德国普鲁士的军国主义，认为与德国结盟将有助于他们实现未来50世纪的目标。因此，他们便说服青龙会邀请豪斯霍费尔加入组织，带他见识他们的"神秘力量"。青人们赐予他一些只有他们才拥有的"超能力"，希望通过他来建立一个所向披靡的法西斯德国，并与日本结盟。之后，他们将一同征服俄国，再统治广袤的欧亚大陆，从而能够与西欧和英美联盟抗衡。日本已经在1904—1906年的日俄战争中打败了俄国，这场海战让日本控制了具有重大战略意义的阿瑟港，使之成为日本插足被沙俄占领的满洲里的一大据点。因此，黑龙会的成员们坚信，他们在德国的帮助下双线进攻，就一定能征服俄国。

豪斯霍费尔是有史以来第三位加入青龙会的西方人。1911年他回到德国，彼时42岁的他变得与从前判若两人。从本质上讲，他只是杜

① 日本的神道教源于对自然界的万物崇拜，属于泛神论宗教。

巴斯人（Dugpas）——一群生活在西藏地下城的神秘"巫师"安插在毫无戒备的德国社会中的一件秘密武器，用来实现他们建立一个50世纪的世界帝国的宏伟愿景。实际上，他已经变成了一枚瞄准欧洲政治核心的导弹，尽管他本人很可能不了解这一真正使命。更有可能的情况是，他已经被青龙会的僧侣们催眠、洗脑，对自己的所作所为深信不疑。

回到德国后，豪斯霍费尔生了几场大病，导致他三年都无法工作。不过，在此期间，他的身体状况允许他修得慕尼黑大学的地缘政治学博士学位。他的博士论文题目为"对大日本帝国军事实力、世界地位及未来发展的思考"（"Reflections on Greater Japan's Military Strength, World Position, and Future"），体现了他对日本永远无法磨灭的情感。

1914年，他以德国上将的身份参加了第一次世界大战，并被派往西线指挥一个旅队。他在战争中的成功让他声名鹊起，因为他能够准确预测盟军的轰炸行动和作战策略，从而能够及时采取应对措施，这无疑表明了青人会赋予他的预知能力。因此，这位"一战"中的将军成了"民族英雄"，在战后的德国社会备受尊敬。

"蛇国"

没人知道青人会的藏区寺庙具体在哪里，豪斯霍费尔也不可能知道。因为僧侣们是通过意念与青龙会沟通的，所以他们不需要暴露自己的位置。现在回过头看，青人会显然与来自天龙星座的阿尔法星（Alpha Draconis）的爬虫类外星人庞大的地下帝国有关。

据说这个地下帝国从西藏西南部横跨整个印度次大陆，直至印度东北部的贝拿勒斯。这个帝国叫作"帕塔拉"（Patala），即印度教神话中的"蛇国"，传说中蛇神娜迦（自古以来有些印度人将它奉为神灵，也有些印度人视其为恶魔）所处的世界。据说这是一个由七层结构复杂的巨型洞穴和隧道组成的广阔的地下王国。人们通常认为蛇族人主要居住在首都博加瓦蒂。通往娜迦的国度至少有两个入口，一个是贝拿勒斯的沙什拿之井，另一个入口在拉萨以西800千米外美丽的玛旁雍错湖（Lake Manasarovar）旁的群山上。

玛旁雍错湖海拔4588米，是世界上海拔最高的淡水湖，据说曾经受到佛陀的青睐而用作禅修之所。布鲁斯·艾伦·沃尔顿（网名叫"布兰顿"，现已去世）是全网对地球上的外星人殖民地的研究最权威的人物之一。据他所述，玛旁雍错湖附近的当地人曾报告称在那里亲眼见到爬虫人，并看到他们的无翼飞行器驶入和驶离那片山脉。我们现在知道爬虫人与来自泽塔网状星系的灰人有密切联系，所以在帕塔拉很有可能有灰人群体存在。

西藏玛旁雍错湖旁的山脉

纳粹"教父"

自"一战"结束至1933年间，卡尔·豪斯霍费尔一直在努力寻找一个合适的领导人，以期在此人带领下，让德国成为法西斯军事强国，并与日本联手征服俄国，或与之结盟，从而统治整个欧亚大陆。1919年，已经声名远扬的豪斯霍费尔成为慕尼黑大学的地缘政治学副教授，因此，他在向挑选出的领导人就青龙会的领土扩张计划进言方面独具优势。

倘若他不是日本秘密组织在德国的代理人，那么作为谦卑的学者，他似乎不太可能主动承担一个如此雄心勃勃的政治角色。而且，从最终的结果来看，他显然得到了黑龙会和青龙会导师们的积极帮助和宝贵建议。在挑选德国新独裁者的筹备过程中，豪斯霍费尔一手创立了与双龙会密不可分的两大秘密组织。

1918年，他协助鲁道夫·冯·塞波滕多夫（Rudolf von Sebottendorf）在慕尼黑创立了神秘学团体——修黎社①。在其鼎盛时期，该组织在巴伐利亚州约有1500名成员，其中许多都是当时德国各行业有钱有势的大人物，且都是右翼分子，修黎社成员最终变成了后来的纳粹党。由此可见，豪斯霍费尔为拥护新领导人奠定了良好基础。

此外，他还创立了"维利会"。作为修黎社中的绝密核心团体，维利会见证了第一架德国碟形飞行器的诞生。毫无疑问，反重力技术是从帕塔拉（爬虫人在此使用过这种飞船）通过青人会的青人们传到维利会的。豪斯霍费尔曾安排将一群青龙会和青人会僧侣接到柏林，并成立了一个科学顾问团。

---

① 德国极端民族主义团体。修黎是古代传说中的极北之地。

1923年，在鲁道夫·赫斯[①]（Rudolf Hess）的鼓动下，豪斯霍费尔在慕尼黑参加了阿道夫·希特勒（Adolf Hitler）的叛国罪审判。希特勒在审判中振奋人心的演说给豪斯霍费尔留下了深刻的印象，以至他断定希特勒就是他要找的"天选之人"。

据传，由于赫斯与希特勒走得很近，所以通过他的牵线，豪斯霍费尔在兰茨贝格监狱的牢房里开始了对希特勒的"教化"。1924年，他每天都去走访希特勒，并撰写了《我的奋斗》（Mein Kampf）一书中有关地缘政治的全部章节。后来，他还通过自己在修黎社的人脉，说服了一些德国实业家资助希特勒和纳粹党的崛起。

豪斯霍费尔于1922年在慕尼黑创立了地缘政治研究所，而且，自1926年起，他就开始每年组织他的学生和信徒前往中国西藏，他们的每次旅行显然都会与双龙会取得联系。1933年希特勒上台后，豪斯霍费尔在青人会的斡旋下，安排希特勒与来自帕塔拉的爬虫人签署了一份协议。当时，维利会为纳粹党卫军提供了技术支持，帮助其研发反重力碟形飞行器。

毫无疑问，卡尔·恩斯特·豪斯霍费尔是当之无愧的纳粹德国"教父"。是他让希特勒坚信德国人是"优等"民族，是在亚特兰蒂斯大洪水中幸存下来的雅利安人的后代。也是他提出"生存空间"一词来为德国毫无良知地掠夺周边"劣等"国家土地的行径辩护。日本则利用其世界级的帝国海军进一步统治海洋，以保护这些领土利益。青龙会甚至还为希特勒提供了一支由100万名克隆人战士组成的核心军队，这便是令人闻风丧胆的"纳粹国防军[②]"。

---

① 鲁道夫·赫斯（1894—1987），纳粹德国政治人物，曾与希特勒在同一监狱服刑。狱中完成由希特勒口述的《我的奋斗》，此后他成为希特勒的心腹兼秘书。

② 参见本书作者的另一本书《外星人秘史》（The Secret History of Extraterrestrials）的第23章（Inner Traditions出版社，2010）。——原书注

整个计划看起来似乎万无一失，所有的细节都得到了黑龙会的精心谋划，而卡尔·豪斯霍费尔也将他的使命发挥到了极致。可是，有一点是他们万万没有料到的，也正是这个意外推翻了全盘计划，那便是他们无法控制阿道夫·希特勒，因为他拒绝成为任人摆布的牵线木偶，最后俨然变成了一个战争疯子。当他执意独揽军事大权，下令在两条战线上同时与两个强大的对手作战，并实施了一项疯狂的大规模种族屠杀计划——"诸神的黄昏"（Gotterdammerung）时，他便注定要以失败告终。

后来，希特勒把枪口对准了他的导师，将豪斯霍费尔和他的家人送进了集中营。最后，虽然极具讽刺意味的是，纽伦堡法庭豁免了豪斯霍费尔的罪行，可面对支离破碎的德国，豪斯霍费尔终于意识到自己选错了人，于是，他选择了青龙会成员遭遇失败时唯一的出路，亲手了结了自己的一生。1946年初，他和妻子自杀身亡。作为西方人，他们没有像日本人那样残忍地剖腹，而是采用服毒的方式。他的妻子在服毒后还上吊了，显然是为了确保自己必死无疑。

德国飞碟

1944年，党卫军指挥官海因里希·希姆莱（Heinrich Himmler）收回了赫尔曼·戈林（Hermann Goering）手中对所有秘密技术和武器研发的控制权，将其移交给土木工程师兼党卫军上将汉斯·卡姆勒（Hans Kammler），并将研发场地转移到了捷克斯洛伐克的皮尔森附近的大型军工厂——斯柯达军工厂。自此，卡姆勒坐上了纳粹德国的第三把交椅。

斯柯达军工厂曾在战争初期为德军装甲部队造过坦克，也有能力制造出适用于飞碟的大型金属铸件。纳粹飞碟的研发技术是从帕塔拉传过来，并且经由驻扎柏林的青人会顾问团提供给党卫军科学家的。

有证据表明，德国人制造了多达25种的哈努布飞行器模型。这是一种造型特别的钟形飞行器，仅靠一个非常简单的电引力马达驱动。这种马达由德国海军上校汉斯·科勒（Hans Kohler）基于特斯拉线圈的原理研制而成，名叫"科勒整流器"。它既能将地球的引力能量转化为电磁能量，又能从太空的真空环境中汲取能量。

在整个哈努布系列中，哈努布I型是一艘小型的双人飞船，但哈努布II型飞船体积巨大，内部结构也更为复杂。据报道，哈努布II型飞船直径达到了约22.86米，能够搭载整支编队。现在的互联网上还能找到1943年11月7日德国党卫军对这艘飞船的设计方案，以及哈努布飞船的航行照片，船身和碟盘上清楚地印着德国国防军的十字架标记，船顶的旋转炮塔上安装了一架7.5mm口径的反坦克炮，显然与德军装甲部队使用的是同一种炮。

此外，维克托·舒伯格（Viktor Schauberger）和理查德·米特（Richard Miethe）牵头在布拉格附近（很可能在斯柯达军工厂）开展了其他重要的反重力武器研究。米特与意大利人合作开发了大型氦动力V-7型飞船和小型单人"维利"飞船模型，它们在飞行测试中速度可达2900千米/小时。舒伯格在写给朋友的信中提到了这段经历。他在信中写道：

> 1945年2月19日在布拉格附近进行飞行测试的飞碟可在3分钟内升至15,000米的高空，其横向速度可达2200千米/小时。那架飞碟是根据我在毛特豪森集中营设计的一个模型建造出来的，设计时我还得到了一些从囚犯中挑出的顶级工程师和应力分析师的帮助。战争结束后，我才听说……在布拉格的工厂里……他们正紧锣密鼓地开展下一步研发工作。

鲁道夫·卢萨尔（Rudolf Lusar）在《第二次世界大战中的德国秘密武器》（*German Secret Weapons of the Second World War*）一书中写道：

"……耗资数百万的研发工作在'二战'结束前已基本完成。"著名的匈牙利物理学家、研究员弗拉基米尔·特里茨斯基（Vladimir Terziski）说，当时的德国技术人员已经打造出一艘直径约70米的巨型哈努布飞船。

这艘哈努布Ⅳ型"无畏舰"由德日两国人员自发集结领航，前往火星执行一项"绝命行动"。据特里茨斯基所述，飞船在经历了8个月的艰难飞行后，于1946年1月在火星紧急迫降。这意味着它离开地球的时间正好在希特勒自杀和德国投降期间，所以它的始发地就不可能是德国。特里茨斯基说，那艘飞船是从位于南极洲新士瓦本的纳粹-外星人联合基地发射升空的（参见下一章）。最后的那段日子里，柏林遭到盟军的狂轰滥炸，几乎被夷为平地，青人们也因此丧命，苏联人在废墟中发现了他们的尸体。他们死时围成一个圈，且都穿着德军制服。

　　1945年4月，一位生活在瑞士的法国外交官在报告中写了以下内容：德国的碟形无翼无舵杆飞行器瞬间追上了由四台发动机驱动的美国B-24"解放者号"轰炸机，并以迅雷不及掩耳之势穿过其航道。它瞬间飞到B-24战机空中编队的正前方，零星释放出一团团蓝色的烟雾。不一会儿，美军的轰炸机便接二连三地神秘失火，在空中爆炸，而德国的飞行器早已消失得无影无踪。

碟形战斗机是纳粹在8个不同的技术领域多年研究与试验的成果，这8个领域分别是：直接式陀螺稳定技术、电视制导技术、垂直起落、无干扰无线电控制加雷达隐形、红外搜索、静电发射武器、超可燃气体结合全反动式涡轮机和反重力飞行技术。与此同时，由这些技术还诞生了令人闻风丧胆的"球状闪电防空坦克"（Kugelblitz）。倘若它再早6个月问世，"二战"可能会有截然不同的结局。这是纳粹德国最后的挣扎，却也预示了一些不好的事情即将发生。

卡姆勒失踪

1945年4月中旬，乔治·史密斯·巴顿将军率领第三军沿东线迅速逼近柏林，但艾森豪威尔将军命令他终止前进，并改变行军路线。他遵照命令朝东南方的捷克斯洛伐克的布拉格挺进，后又被要求在斯柯达工厂总部的所在地停军。巴顿服从了这些命令，但内心极不情愿，因为他一心想比苏联人抢先一步攻占柏林。

艾森豪威尔将军显然从战略情报局（OSS）得到了情报，获知卡姆勒在斯柯达工厂研发秘密武器。虽然巴顿将军比苏联人早6天抵达斯柯达工厂，但卡姆勒已经离开。早在1945年2月23日，球状闪电防空坦克的最新发动机就已经被运走，连外壳也被炸得一干二净。两天后，德国卡拉的地下工厂被关闭，所有奴工被送往布痕瓦尔德的集中营，并用毒气毒死，后被火化，这便是纳粹信奉的一条骇人原则，即"死人不会泄密"。

卡姆勒负责撤离工作，而他本人也从此销声匿迹。盟军的各个情报部门都得到了完整的间谍报告，对希特勒在阿尔卑斯山的地下工厂里的进展了如指掌，因此，侵略军的目标十分清晰。

意大利作家雷纳托·维斯科（Renato Vesco）在《拦截不明飞行物》（*Intercept UFO*）一书中写道："从成千上万处令人意想不到的地方搜出了重达数吨的设计蓝图、部队文件、研究人员名单、实验室模型、备忘录、报告和笔记，内容涉及每一个军工部门。"

由此可以断定，大部分有关反重力技术的资料都落入了盟军之手。但在当时，他们不可能知道这种反重力技术起源于何处。在柏林发现的青人尸体或许可以让他们找到一些蛛丝马迹，但没有其他证据可以证明那种技术来自西藏，所以，他们势必觉得那是德国科学家研发出来的。

赖特-帕特森空军基地的飞碟技术

"二战"结束后，美方间谍立马逮捕了奥地利科学家维克托·舒伯格（他曾设计了在毛特豪森集中营建造的飞碟），并把他关押了9个月。那些间谍不仅没收了他所有的文件、笔记和设计模型，还对他严加审问。之后，他被送往美国，继续研发这种全新的反重力飞碟。

说来也怪，或许只是巧合，另一位维也纳航空工程师埃里克·王博士（Dr. Eric Wang）当时在辛辛那提大学任教。王博士于1935年获得维也纳科技大学工程学博士学位后几乎销声匿迹，直到1943年，人们才发现他在辛辛那提大学任教，主授工程学和数学。他可能跟其他许多德国和奥地利的科学家（包括阿尔伯特·爱因斯坦）一样，在"二战"前就已经移民到了美国。1949年，他被美国空军招募到赖特-帕特森空军基地的外国技术办公室工作，在新墨西哥州坠毁的外星飞碟就是被带到那里进行分析和逆向工程研究[①]的。

据悉，王博士曾表示，他为美国空军研发的飞碟技术与舒伯格的飞碟技术不同。从这句话中，我们有理由断定，舒伯格被派往美国后，王博士在美国空军的资助下与他展开了合作，此时的王博士甚至尚未正式加入美国空军。这一切大约发生在1945年到1949年间。据悉，维克托·舒伯格后来参与了得克萨斯州的飞碟研究。人们相信最初的飞碟和"施里弗-哈伯默尔-米特"（Schriever-Habermohl-Miethe model）原型机都已经被德国人摧毁，它们就是传说中的V-7飞碟。

纳粹空军工程师施里弗的助手克劳斯·哈伯默尔（Klaus Habermohl）被送往了苏联，有人认为，苏联人在抵达斯柯达工厂时成功获得了一架

---

① 逆向工程（又称逆向技术），是一种产品设计技术再现过程，即对一项目标产品进行逆向分析及研究，从而演绎并得出该产品的处理流程、组织结构、功能特性及技术规格等设计要素，以制作出功能相近，但又不完全一样的产品。

V-7飞碟的原型机。米特则为美国和加拿大效力。由此我们可以推断出，或许早在1944年，美国陆军航空兵（美国空军的前身）就掌握了一切电磁反重力飞碟技术。然而，正如我们即将在下一章看到的，在1947年初，军队就见识到了飞碟在实战中致命的杀伤力。

维克托·舒伯格

第二章　南极洲

20世纪30年代以前，很少有人会考虑在南极洲建立永久殖民地，因为没有一个文明国度会愿意在这样令人望而生畏的冰冻土地上聚居。但对于那些想做出重大发现，或是想成为勇闯南极第一人的探险者而言，它如同磁石般深深地吸引着他们。第一个发现南极洲大陆的是俄国海军军官费比安·别林斯高晋（Fabian Bellingshausen），他在1820年1月28日首次在南冰洋发现陆地，并且环绕该陆地航行了两次。

19世纪，欧洲人，主要是英国人、比利时人和挪威人，也对南极进行过几次考察。1839年至1843年间，勇敢的英国海军军官詹姆斯·克拉克·罗斯（James Clark Ross）绘制了南极洲大部分海岸线的地图，还发现并命名了罗斯海（Ross Sea）、维多利亚地（Victoria Land）和两座以其探险船名字命名的火山——埃里伯斯火山（Mount Erebus）和特罗尔火山（Mount Terror）。罗斯返回英格兰后被封为爵士，并获得了法国荣誉军团勋章。

纳粹基地

随着航空技术的诞生,"飞往南极"不再是一个遥不可及的梦想。1929年11月28日,经验丰富的飞行员理查德·伊夫林·伯德完成了这一壮举,他也因此获得了美国国家地理协会颁发的金牌。伯德抵达南极洲后,在罗斯冰架(Ross Ice Shelf)上建立了一个名为"小亚美利加"的大本营,而后,他便借助雪地靴、雪地车、狗拉雪橇和飞机开始了对这片大陆的探索。

理查德·伊夫林·伯德上将

1934年,伯德的第二次南极考察险些以悲剧收场。那年他独自一人在小型气象前哨站度过了最冷的5个月。有一次,他被一台小型加热器释放的一氧化碳熏倒,幸而被大本营的队员们及时救了出来。后来,他将这一惨痛经历写进了他于1938年首次出版的《独闯南极》(Alone)一书中。

1938年德国南极探险队队徽

纵观世界历史，人们对南极大陆的探索少之又少，所以谁也不会料到德国人1938年竟然会跑到南极洲建立殖民地，这实在是太不可思议了！此前，德国在1901年和1911年曾对南极进行过两次考察，每次都持续了两年之久。但在纳粹时代之前的南极探险中，没有任何迹象表明德国人真的想去那里生活，不过，纳粹分子却对这项计划非常重视，他们为德国1938年的南极考察做了充分的准备工作。

在考察队正式出征前，他们甚至把南极洲科考领域的世界级权威人士理查德·伯德请到了德国汉堡，为探险队员提供建议。他们还邀请他一道去南极探险，但被他拒绝了。伯德当时只是一介平民，虽然他答应为德国探险队提供专业咨询，但这丝毫不代表他对纳粹政权的认可。当然，伯德必须提防德国的扩张意图，因为当时希特勒已经占领了奥地利。

不过，在1938年9月《慕尼黑协定》[①]（*Munich Agreement*）签署后，全世界都陷入了一种错觉，认为希特勒似乎没有侵吞更大领土的野心。后来，有人认为还有一种极大的可能，那便是伯德前往德国其

---

① 20世纪30年代，英、法、德、意四国肢解捷克斯洛伐克的协定。1938年9月30日在慕尼黑会议上签订。

实是得到了美国政府的授意，他的真实目的是秘密获取德国南极计划的情报。

1938年，德国人考察南极使用的是"士瓦本号"水上飞机母舰[1]。根据不明飞行物研究学者康斯坦丁·伊万年科（Konstantin Ivanenko）所述：

> "士瓦本号"去往南极洲的航行由擅长在严寒天气下作业的阿尔伯特·里彻（Albert Ritscher）指挥。这支探险队的科学家们效仿海军上将理查德·伯德10年前的做法，用大型多尼尔水上飞机探索南极的荒地。这些德国科学家发现了不结冰的湖泊（冰层因地下火山而受热融化），并成功降落在湖面上[2]。人们普遍认为，"士瓦本号"探险队的目的是寻找一个适合进行秘密行动的基地。

纳粹的水上飞机向毛德皇后地投掷了大量的"卐"字旗帜，标记出60多万平方千米的广阔的德国领土。后来，他们又在穆赫利-霍夫曼山脉（Muhlig-Hofmann Mountains）一处靠近阿斯特里德公主海岸（Princess Astrid coast）的地方建立了基地，这个地方还被他们命名为"新士瓦本"，该名取自原德意志王国的士瓦本公国。

新士瓦本

关于纳粹南极基地的传奇故事和民间传说可谓铺天盖地。许多人

---

[1] 指早期用来携带水上飞机的大型水面舰船。

[2] 这些温水湖泊因湖中五颜六色的藻类而被称为"彩虹湖"。——原书注

记录过，德国舰队自1938年起开始运入设备来发展该基地。《欧米茄档案》（*Omega File*）中写道：

> 自1938年起……纳粹派出了无数支探险队前往南极洲的毛德皇后地。据悉，（当时）主张白人至上主义的南非也派出了一拨又一拨的南极探险队。通过空中勘测，超过60万平方千米的冰冻大陆被绘制成地图，德国人还意外发现了大片的无冰地区、温水湖泊和洞穴入口。据说，他们还在冰川中发现了一个巨大的冰洞延伸了48千米，向下直通地底深处的一个巨大的地热湖。

1939年10月，"二战"爆发的一个月后，"士瓦本号"被移交给纳粹德国空军，由赫尔曼·戈林接管该项目。1939年12月17日，载有科学家和设备的"士瓦本号"再次驶离汉堡，前往南极洲，这次，他们准备建立一处永久基地。《欧米茄档案》写道：

> 多支科考队伍进驻该地区，成员包括猎人、捕兽者、收藏家、动物学家、植物学家、农学家、植物专家、真菌学家、寄生虫学家、海洋生物学家和鸟类学家等。德国政府的许多部门都参与了这个绝密项目。

整个"二战"期间，这项开发行动一直在持续。1952年6月，美国《完全真相》（*The Plain Truth*）杂志刊登了一篇文章，其中提到，"自1940年起，纳粹开始将大量的拖拉机、飞机、雪橇、滑翔机及各种机械设备和材料运往南极地区"，"之后的4年内，纳粹技术人员在南极洲大兴土木……打造希特勒的'香格里拉'"。文章还写道："……他们挖空了一整座山，建造了一处极为隐蔽的避难所，供他们舒适地遁藏于山中。"

根据20世纪50年代发行的巴黎《早安》(*Bonjour*) 杂志的说法，1940年，纳粹工程师在该基地建造出的建筑物能够经受住-50摄氏度的低温。这个地区有许多洞穴入口，相对而言更便于潜艇泊靠。工程师兼物理学家弗拉基米尔·特里茨斯基说，德国人在冰层之下建立了一座叫作"新柏林"(Neu Berlin) 的城市，居民以科学家和工人为主，到"二战"结束时，里面的人口达到近4万。这座城市只是毛德皇后地下属的广阔的新士瓦本殖民地的一小部分。人们猜测，居民的食物一部分来自阿根廷的商船运送，另一部分则是通过水培种植而得。当然，南冰洋中盛产丰富的鱼类和其他海洋动物可供捕食。此外，那些德国人还有可能已经开始在南极洲的温水湖泊地区发展农业项目了。

卡达斯遗迹

鉴于当时离德国入侵波兰并自此拉开"二战"序幕只有不到一年时间，谁也料想不到，德国人竟然会投入如此多的精力和资源，在距离德国海岸8000千米之外的冰冻荒原上建设基地。我们先前已经了解到，德国人在1933年与生活在帕塔拉的爬虫人签订了一项协议，致使一些先进技术得以传入德国，其中就包括反重力飞碟技术。

其他几个消息来源表明，南极洲其实就是之前的亚特兰蒂斯，由于史前地极移动，亚特兰蒂斯漂流到了南极地区[1]。据悉，爬虫人曾经聚居在亚特兰蒂斯，所以在地极移动后，他们的地下殖民地极有可能随之移动，因此那些爬虫人至今或许一直生活在南极地下。伊万年科说，新柏林毗邻霍华德·菲利普·洛夫克拉夫特 (H. P. Lovecraft) 笔下

---

① 详请参见兰德·佛列姆亚斯 (Rand Flem-Ath) 所著的《冰层之下的亚特兰蒂斯：失落大陆的命运》(*Atlantis Beneath the Ice: The Fate of the Lost Continent,*, Bear & Company出版社，2012)。——原书注

"古老的卡达斯遗迹"(Ruins of Kadath)，这个秘境之地或许是由失落的亚特兰蒂斯的居民在1万多年前所建。另一位不愿透露姓名的神秘学研究者声称："新柏林有一个外星人聚集区，那里聚居着昴宿星人、泽塔星人、爬虫人、黑衣人、毕宿五星人和来自其他星球的访客。"

疯狂的领导者

由此可见，要说是爬虫人鼓励纳粹挨着他们建立殖民地也完全合乎情理，或许也是为了让他们在输掉战争后有个容身之所吧。但更有可能的是，这个殖民地将作为德国和外星人的联合科研基地，以便他们进行星际旅行和征服领地①。这就解释了为什么（正如我们将在后文看到的）纳粹最终将所有参与反重力飞碟开发的航空工程师和科学家，连同那些原型机一起转移到了新士瓦本。

起初，纳粹对赢得战争充满信心，所以根本不会想到要建一处避难所。因此，我们有理由认为，纳粹不辞千辛万苦地绕了半个地球在3000米厚的冰层下建造的并不只是一个秘密基地，更是一座城市。这才是他们去南极的真正原因，或许也是唯一的原因。毕竟，他们野心勃勃地计划着征服整个欧亚大陆，想的才不是丢失领土后得移民南极来保住一丝国家命脉这件事呢。

看来，纳粹早在战争初期就已经开始计划和他们的爬虫人同胞一起去其他星球旅行了。1945年中期，德国和日本联合派出的火星绝命

---

① 据《欧米茄档案》的作者"布兰顿"所说，天龙星座的爬虫人与来自猎户星的外星人联盟已经征服并奴役了银河系附近21个星系的文明。他们之所以选择南极殖民地作为他们探索银河系的始发地，很可能是因为那里与世隔绝、荒无人烟。研究人员越来越清楚地认识到，希特勒从一开始就已经与外星人结盟，这也解释了为什么他坚信自己是无敌的。——原书注

行动探险队就是在这个南极基地升空的（参见第一章）。德国民众对此一无所知。我们完全可以理解为什么纳粹领导人不想让德国人民知道这些不切实际的计划，因为如果被他们知道了，肯定会觉得他们的领导人是一群胡说八道的疯子！不过，纳粹的统治者之所以保密，最重要的原因或许是他们并不打算将全部的德国人迁往新士瓦本。要知道，这个殖民地是他们专门留给最纯种的雅利安人的。

南极移居妇女

1943年中期，盟军发现南大西洋有大量的潜艇活动，便开始怀疑是否将有什么不寻常的事情发生。"二战"战败后，海因里希·希姆莱从纳粹德国空军司令赫尔曼·戈林手中接管了新士瓦本基地的建设和安置工作，而后，他使用大型补给潜艇"奶牛"（Milchkuh）向南极殖民地运输人员和设备。

这些特殊的U-XXI型潜艇是从大西洋海战中调过来的，体积和货船差不多大，由于装配了一种新研制出的通气管，它们能全程在水下航行。据伊万年科的说法，希姆莱从50万名被苏联驱逐出境的德裔少数民族女性中挑选出了1万名拥有"最纯正种族血统"的乌克兰女性，用潜艇把她们送到新柏林。她们全都长着金发碧眼，年龄在17到24岁之间，这群女人便是希姆莱精挑细选出的"南极移居妇女"。此外，他还派去了2500名曾在苏联前线作战的久经沙场的武装党卫军士兵，给他们每人配备了4名女性，期待他们在南极冰层之下诞育出新的雅利安文明。

纳粹德国于1944年在欧洲战败后，利用大型潜艇将反重力飞碟的原型机及掌握核心技术的航空工程师和科学家全都送到了南极（见附图2）。所以，希姆莱的得力干将汉斯·卡姆勒很有可能也在1945年带着制造反重力飞船的设计图和原材料，连同他的骨干成员和技术专家一起去了新士瓦本。

在此期间，德国军舰一直在南大西洋水域巡查，任何驶入通往南极洲的门户——阿根廷火地岛附近的商船都会被其击沉。当时，令人闻风丧胆的"施佩伯爵号"（Graf Spree）袖珍战列舰就驻扎在南大西洋，在"二战"初期击沉了来自各国的10艘商船。这样看来，德国人似乎很担心盟军会收到有关他们潜艇流量增加的情报，因为这可能会威胁到他们的南极安置工作。

"二战"结束后，纳粹德国著名研究员兼作家罗伯·阿恩特（Rob Arndt）在他的网站（antarctic.greyfalcon.us）上写到，盟军已准确查明纳粹德国总共丢失了54艘U型潜艇。他还说，有142,000到250,000人下落不明，其中包括纳粹党卫军技术部门的全体成员、维利会和修黎社的全体成员、6000名科学家和技术人员以及数以万计的奴隶劳工[1]。他声称，这些信息是通过对华盛顿和伦敦的政府高层在1945年底至1946年间机密通信的解密获得的。

与该传闻一致的是，他得知新士瓦本主要是一个致力于科技发展的殖民地，只有一小部分被精心挑选出来的"纯种雅利安人"有资格在那里生活，而剩下的德国人就在盟军猛烈的炮火袭击中死去。这个纯种雅利安人聚居区将孕育出新的种族。凭借超级武器和外星朋友，这个新士瓦本文明将足以成为"第四帝国"[2]，从而掌管并奴役地球上其他"低等"种族。下一次的90度地极移动将进一步帮助他们征服地球，因为到时大部分的现有人口将被消灭，而南极洲也会漂移到赤道附近，

---

[1] 这些奴隶工人极有可能没被带去新士瓦本，而是在布痕瓦尔德集中营被毒气毒死并火化，以确保先进武器的秘密不会被泄露。——原书注

[2] "第三帝国"指的是纳粹德国。——编者注

变为温带气候。然而，当这些灾难来临的时候，纳粹们将在位于3000米厚的冰层之下的安全堡垒中安然无恙。

3艘U型潜艇"浮出水面"

据不明飞行物研究员兼作家埃里希·肖龙（Erich J. Choron）的说法，10艘失踪的德国U型潜艇在战争的最后几天参与了一项绝密任务。肖龙曾在《不明飞行物案例汇编》（*The UFO Casebook*，第26卷，第4期）中发表过一篇题为《你能跳多高？》的文章，他这样写道：

> 人们普遍接受的一种说法是，在第二次世界大战的最后时刻，驻扎在奥斯陆峡湾、汉堡和弗伦斯堡的10艘U型潜艇被派去运送数百名德国军官和官员，将他们送往阿根廷建立一个新帝国。这些军官几乎都参与过一些秘密计划，而且他们当中有许多都是纳粹党卫军和帝国海军成员，他们试图逃亡海外，躲避盟军的"复仇"，并继续他们的工作。那10艘U型潜艇里全是他们的行李、文件，很可能还有用来资助他们行动的金条……其中7艘潜艇从德国和丹麦的边境出发，先后穿过卡特加特海峡①和斯卡格拉克海峡②，前往阿根廷，从此再也没有从官方口径中听说过它们的踪迹。

从我们已经了解的情况来看，这些潜艇显然是去了未来的"第四帝国"所在地——南极洲，而非阿根廷。阿根廷已于1945年3月加入同

---

① 大西洋北海的一个海峡，是丹麦和瑞典的边界。

② 位于日德兰半岛和挪威南端、瑞典西南端之间。

盟国阵营，所以当时对纳粹德国持敌对态度。肖龙还说，许多失踪的U型潜艇都是"二战"后期制造出的非常先进的XXI型和XXIII型潜艇，速度远超之前的型号，而且装配了一种新型通气管，因此横渡大西洋时可以全程待在水下，从而能在南大西洋轻松躲避盟军的军舰。

这些潜艇的离港时间集中在1945年5月3日至8日。1945年5月5日，大西洋海战随着海军上将卡尔·邓尼茨（Karl Doenitz）下令所有潜艇投降而结束，德国官方到了5月8日才正式宣告投降。在这些潜艇中，最终有3艘出现在人们的视野中。

由奥托·韦穆特（Otto Wermuth）中尉指挥的U-530号潜艇和由海因茨·谢弗（Heinz Schaeffer）中尉指挥的U-977号潜艇分别于1945年7月10日和8月17日在马德普拉塔向阿根廷海军投降。而U-1238号潜艇则在位于南美洲最南端的巴塔哥尼亚北部海域被其船员撞沉，当时，它很有可能是在往返南极洲的途中。后来，韦穆特和谢弗受到了美英两国政府的严厉审讯，并最终以平民身份被释放。很有可能的是，正是审讯中收集的情报触发了后来的"塔巴林行动"（Operation Taberin）和"跳高行动"（Operation Highjump），尽管英国人还有一些独家犯罪情报没有与美国同行分享。

"塔巴林行动"

英国政府公务员兼"二战"历史学家詹姆斯·罗伯特（James Robert）在2005年8月版《关系》（Nexus杂志，第12卷，第5期）上发表过一篇文章，里面提到，德国人利用之前发现的洞穴入口成功地在巨大的冰洞中建造了一个地下基地。他声称，在1945年底，南极毛德海姆秘密基地（Maudheim Base）的英国士兵发现了那个入口，而且，沿着隧道走了几英里后，他们终于来到一处巨大的地下洞穴。那里异常温暖。有几位科学家认为这是地热的缘故。在这个巨大的洞穴里还有地下湖泊。然而，一切变得越来越神秘，因为洞穴里的光亮是人为制造的。由于洞穴实在太大，他们不得不分头行动，这时，他们终于有了真正的发现。纳粹在洞穴中建造了一个巨大的基地，甚至还为U型潜艇建造了码头，据说其中一艘潜艇还被他们辨认出来了。随着他们越走越深，出现在他们眼前的景象越发奇怪。据幸存者记录，"洞内有大量的基坑，还有数不清的机库，里面停着各种奇形怪状的飞行器"。

《关系》杂志的那篇文章透露了一个隐藏多年的秘密，那便是有关1945年10月由参与过德军机场袭击战并幸存下来的前英国特种空勤团(SAS)[1]突击队执行的"塔巴林II号行动"[2]的第一手资料。虽然英国在南极洲及其周边地区有多个秘密基地，但毛德海姆基地是面积最大、保密级别最高的一个，因为它距离穆赫利-霍夫曼山脉仅约320千米，而且是"塔巴林行动"的起点站。

在为"塔巴林II号行动"训练期间，SAS特工们获知这场南极洲行动是英国的"秘密战争"——1939年，英国人得知纳粹的南极基地后，也开始在南极建立基地，为最后的大战做准备。这些信息由被英国俘虏的三个重要纳粹分子——鲁道夫·赫斯、海因里希·希姆莱和海军上将卡尔·邓尼茨（他们三人都知道关于秘密基地的所有细节），以及

---

① 英国特种空勤团是一个以伞兵为主的英国-加拿大精英突击队组织，由一群训练有素、专门执行特殊行动的士兵组成，类似美国海军海豹突击队。在多数任务中，他们都会空降至敌后。他们在第二次世界大战中发挥了重要作用，不仅利用重型吉普车在敌后干扰德军的设施，还向敌后空投轻型火炮。——原书注

② "塔巴林I号行动"于1943年展开。——原书注

潜艇指挥官奥托·韦穆特和海因茨·谢弗（见上文）所披露。事实上，邓尼茨之所以被任命为希特勒的接班人，极有可能是因为他身为潜艇舰队指挥官，是保护南极殖民地（未来的"第四帝国"）的不二人选。希特勒的这一选择让德国最高统帅部的所有人都大为震惊。

在严寒天气中历经了一个月艰苦的训练后，这支特种部队获悉，英方在去年南极的夏天发现了通往纳粹基地的隧道，并已派出一支SAS精锐部队对其进行勘察。结果，在那支来自毛德海姆基地的30人探险队中，只有一名幸存者，他成功熬过了南极的冬天，且没有心智失常。他将他们的发现以及其他人是怎么死的都告诉了这支新突击队。

新队伍在隧道入口设置了一个前进基地，而后，他们收到指令，要求他们沿着隧道一直前进，且"如有必要，格杀'匪首'"①。其中两人带着无线电及其他设备留守后方，另外8名突击队员跟随一位少校，携带大量炸药进入隧道。

走了5个小时后，他们进入了一个有人工照明的巨大洞穴。一名SAS特工说："当我们扫视整个洞穴网络时，大量如同蚂蚁般迅速移动的人员看得我们瞠目结舌，但最令人印象深刻的还是那些正在建造中的巨型建筑。从我们所观察到的来看，纳粹似乎已经在南极经营很长时间了。"他还说，纳粹的先进技术给他留下了深刻的印象。在埋设好地雷后，这支突击队被对方发现了，在逃跑的途中与他们展开了一场殊死搏斗。最后，只有3名幸存者逃了出来，并成功地在隧道口引爆了大量炸药，从此永远地封死了入口。在撤退到马尔维纳斯群岛之后，那3名幸存者被告知要对此次任务严格保密。这位SAS特工说："抵达南乔治亚岛后，我们接到了一个指令……严禁我们泄露在这次行动中看到、听到和经历的一切。"

---

① 原文是 "to the Führer, if need be."。这里的"匪首"（Führer）指的就是希特勒。

英国报纸报道了对邓尼茨的任命

"跳高行动"

　　显而易见，不论是通过秘密途径探知到的，还是英国方面故意透露，美国终究是知道了"塔巴林行动"。后者的可能性似乎更大，因为英国人很清楚他们并没有摧毁纳粹基地，自然希望美国能帮他们完成这项工作，而且，美国战略情报局也从对韦穆特和谢弗的审讯中获得了大量信息。

　　1946年8月7日，"塔巴林行动"结束后不到一年，海军部长詹姆斯·福雷斯特尔（James V. Forrestal）便正式开始制订"跳高行动"的计划。"跳高行动"由国务卿、战争部长和海军部长组成的"三人委员会"（Committee of Three）批准实施。想必内阁也收到了多个情报机构的建议，并获得了杜鲁门总统的首肯。

这是一次大规模的海军行动，动用了13艘军舰，其中包括一艘通信舰、两艘破冰船、两艘驱逐舰、两艘各搭载3架"水手号"水上巡逻轰炸机（PBM）的供应舰、两艘油轮、两艘补给舰、一艘潜艇、两架直升机和"菲律宾海号"航空母舰（上面搭载了6架配备轮子和滑行板的DC-3双引擎飞机）。此外，还出动了美国海军旗舰"奥林匹斯山号"，上面搭载有4700名海军陆战队员。

战争英雄、海军五星上将切斯特·威廉·尼米兹（Chester W. Nimitz），也是当时的美国海军作战部长，他任命海军少将理查德·伊夫林·伯德担任这次行动的指挥官。此外，他还任命战功赫赫的老兵、海军上将理查德·哈罗德·克鲁森（Richard H. Cruzen）为特遣部队指挥官。

虽然他们对外宣称这是一项科学考察行动，但有3名美国海军高级将领和海军陆战队作战小组的参与，显然不可能只是一次单纯的科学考察。当时，美国海军陆战队是世界上公认的最强大的军事组织，队员中有许多是一年前刚参加完残酷的太平洋岛屿争夺战的老兵。因此，这支久经沙场的士兵队伍绝不只是为一场"科考之旅"保驾护航的。

不管他们对外的说法如何，这场行动的军事性质已经是人尽皆知了。"三人委员会"表示，这次考察的主要目的是"巩固和扩大美国对南极地区的主权，为未来的基地选址进行勘察，以及拓展整体的科学知识"。大西洋舰队司令、海军上将马克·米切尔（Marc Mitscher）表示，此次行动的主要目标是让美国的主权覆盖"南极大陆上每一寸可用土地"。既然动用到如此强大的战斗力量，那势必意味着这一主权的获取必须依靠军事行动。

但这似乎有些说不通，因为当时并没有发现什么潜在的敌人。所以很明显，这一切只是他们的托词，他们真正的目的其实是暗中破坏纳粹基地。对此，海军上将伯德的说法可谓打消了我们心中最后一丝疑惑，他说："不论如何，这次行动从根本上就是一次军事行动，并非单纯的外交、科考或经济活动。"

实际上，很有可能就是伯德本人发起的这一系列行动，他根据1938年在汉堡了解到的情况，说服了内阁认可开展这次行动的必要性，加之"塔巴林行动"的情报和对两位潜艇指挥官的审讯，足以让美国政府发起这场"有史以来最大规模的南极探险"[1]。

威德尔海之战

这次行动由海军上将尼米兹和伯德联合策划，采用"三管齐下"的方式，场面与武装入侵十分相似，属于典型的军事进攻。

首先，由两艘破冰船、一艘航空母舰、两艘货船、一艘潜艇和一艘旗舰组成的中央舰队重建之前的"小亚美利加Ⅲ号"基地（现又称"小亚美利加Ⅳ号"）。另外，6架DC-3飞机从南冰洋的航母上升空，飞越罗斯冰架，抵达基地——那里将建造一条飞机跑道，之后，再用探地雷达从空中对内陆进行侦察。做好进攻前的部署后，东部的舰队和西部的舰队（各由一艘PBM水上飞机母舰、一艘油轮和一艘驱逐舰组成）将从两个不同的方向包围南极大陆，然后在毛德皇后地附近的威德尔海会合。随后，4架携带炸药的DC-3飞机（其中一架由伯德上将亲自驾驶）将从"小亚美利加"飞越南极，直奔毛德皇后地，与此同时，PBM水上飞机也将从母舰上起飞。这些PBM水上飞机也携带了大量的炸药，能从空中直接把船炸沉。它们曾在"二战"期间炸沉过10艘德国U型

---

[1] 详请参见www.south-pole.com。——原书注

潜艇。

关于这次远征的描述从来没有提到过海军陆战队的部署，但他们极有可能会被分为两组，安排到交通舰和驱逐舰上，随时准备从两个不同方向在纳粹基地的地道入口附近登陆。驱逐舰和PBM水上飞机的存在无疑体现了这场行动的军事性质。就这样，3支队伍将在毛德皇后地会师。这些队伍很有可能已经从英国人那里得到了纳粹基地的地道入口的准确位置，现在，DC-3飞机的高空侦察又给他们提供了最新的情报。

在西部舰队，一架从"柯里塔克号"母舰上起飞的PBM水上飞机发现了南极洲中部的无冰区以及温水"彩虹湖"。那架水上飞机降落在一处温水湖上，并发现那里的水温约为-1.11摄氏度。相较之下，东部舰队似乎步履维艰。一架名为"乔治1号"的PBM水上飞机从"派恩艾兰号"水上飞机母舰上起飞后，突然在半空炸毁，导致3名海员丧生，官方并未解释飞机爆炸的原因。

其余6名机组人员依靠从飞机残骸中找到的补给物挺过了13天，后被"乔治二号"水上飞机救走。然而，更为神秘的是那艘母舰的命运。埃里希·肖龙在他的文章《你能跳多高？》（见上文）中写道："根据《美国海军舰艇名录》（Naval Register）的记载，'派恩艾兰号'遭遇了一场撞击……日期不详……而且……这艘船最后也下落不明……要知道，一艘这么重要的水面舰艇怎么可能会'弄丢'呢……"

根据对"跳高行动"的官方记载，1947年2月14日，东部舰队的所有船只在别林斯高晋海的彼得一世岛附近会合，准备一起绕过南极半岛，驶向威德尔海。看样子，东西部舰队应该是要去这片位于毛德皇后地附近的海域，与DC-3飞机执行一项联合行动。之后，再也没有任何关于这些舰艇的活动记录，直到1947年3月3日，这场行动突然被叫停，他们接到命令，返航回里约热内卢。

一部发布在YouTube视频网站上的俄语纪录片显示，舰队遭遇多架

西部舰队水上飞机母舰 "柯里塔克号" (USS Currituck)

从海里飞出的飞碟袭击，双方交战了20分钟。这件事肯定是那段时间在威德尔海发生的。很显然，那几架飞碟是为了保护纳粹基地的地道入口。视频中，一架又一架飞碟从舰艇上方疾驰而过，据说在那次行动中有68人丧生。如果"派恩艾兰号"真的是被击沉了，那很有可能就发生在那场战役中，而阵亡的68人中可能有很多是海军陆战队队员。

无论在威德尔海究竟发生了什么，伯德上将最终都在1947年3月3日取消了整个行动。他们原定计划是在南极度过夏、秋两季，可当时行动才刚刚开展了两个月。1947年3月4日，伯德的旗舰"奥林匹斯山号"在经由巴拿马运河返回华盛顿的途中，短暂停靠于智利的瓦尔帕莱索，他在船上接受了智利报纸《水星日报》(El Mercurio) 的记者李·范·阿塔 (Lee Van Atta) 的采访。第二天的报纸刊登了这次采访报道。范·阿塔写道：

今日，海军上将理查德·伯德警告称，美国有必要采取保护措施，以应对来自极地地区的敌方飞机可能的入侵……伯德上将说："我的本意并不是想危言耸听，但残酷的现实是，如果爆发一场新的战争，美国势必会遭到来自一个或两个极地地区的飞行器袭击……我们从近期在南极的远征行动中吸取到一个客观的经验教训……那就是当今世界的发展速度快得惊人。而我唯一能做的，就是向我的同胞们发出一个强烈的警告，即那些我们可以躲在与世隔绝的地方安枕无忧的日子已经一去不复返，所谓的距离、海洋和两极地区将再也无法给我们提供庇护了。"伯德上将再次重申必须时刻保持警惕，建造抵御强敌入侵的最后堡垒。

新局面

想必是这位海军上将深刻见识到了纳粹飞碟的威力，才会对当时地球上最强大的国家发出如此骇人的警告。伯德于1947年4月14日回到华盛顿后，向海军情报部门及其他政府部门的官员详细汇报了这次行动。据报道，伯德在向总统和参谋长联席会议①举证时勃然大怒，并强烈"建议"将南极洲打造成热核试验场。那次情绪失控后，伯德便被送进了医院，并被禁止接受任何采访或召开新闻发布会。

如今可以肯定的是，纳粹德国已经在南极扎根，还把他们的飞碟打造得更加完善，所以五角大楼可谓是人人自危了。在赖特-帕特森基地实施的反重力飞碟开发计划中，还没有原型机被制造出来。如果真像伯德警告的那样，纳粹决定入侵美国，那么我们将毫无自保之力。很有可能，总统和军方一直在考虑伯德提出的关于在南极建造核试验

---

① 美国军队陆、海、空各军种指挥官组成的机构，主要职能是就三军之间的协调和合作进行参谋。

场的建议，但这可能会把南极上空的臭氧层炸出一个洞，从而对环境造成极其可怕的影响。然而，过了不到3个月，正当人们在权衡几种备选方案的利弊时，一架外星飞船突然从天而降，坠入新墨西哥州罗斯威尔陆军航空机场附近，自此打开了一个全新的局面。

第三章　罗斯威尔事件

罗斯威尔事件并非孤例。我们现在知道，1947年7月以前，在美国境内或周边地区至少还发生过另外两起外星飞船坠毁事件。1941年，美国海军在圣地亚哥以西的太平洋海域寻获了一架飞碟。更广为人知的是1947年5月31日在新墨西哥州索科罗西南部的圣奥古斯丁平原（Plains of St. Augustin）上发生的坠机事件。军队赶到时，看到那艘外星飞船翻了个底朝天，还在冒烟，场面蔚为壮观。地上躺着4个外星人，有一个死了，另外3个还活着。

《摄影迷》杂志（*Shutterbug*）的前编辑鲍勃·谢尔（Bob Shell）受军方指派，前来拍摄这一场景。他说，每个活着的外星人都紧紧抓着一个盒子，并发出尖叫，看起来就像马戏团的怪物。三名幸存的外星人中有两名受伤严重，在3周内相继死去，摄影师鲍勃还被派往得克萨斯州的沃斯堡拍摄其中一名外星人的尸检过程。

这次拍摄最终成就了一部著名电影——《解剖外星人》（*Alien Autopsy*）。从影片中可以看到，这些外星人和人类长得几乎一模一样，只不过个头小些，有6根手指和6个脚趾。那艘外星飞船和几具外星人尸体都被送到了俄亥俄州代顿附近的赖特-帕特森空军基地。

由此可见，军方在罗斯威尔事件之前就已经接触过类似事件。由此我们可以合理推断，陆军已经有了一套处理坠毁的外星飞船的流程，且五角大楼规定不允许向媒体披露会对军事造成影响的事件。由于飞船失事地点离美国军事设施足够远，所以不一定会引起那些外星人监视者的怀疑。但是，任何出现在新墨西哥州的外星人都十分可疑，因为整个新墨西哥州是全美军事 - 工业复合体的核心所在地。

那艘外星飞船坠落的地方距离白沙试验场（White Sands Proving Ground）[20世纪60年代中期被称为"白沙导弹靶场"（White Sands Missile Range）]最北端的三一基地（Trinity site）不远。美国和德国科学家曾在三一基地研究火箭技术，而且，1945年7月16日，第一颗原子弹也在此试爆。再往北不远处，靠近圣达菲市坐落着洛斯阿拉莫斯国家实验室，顶级的核科学家就在那里继续研发改良版的原子弹。

离圣达菲不远处的阿尔伯克基市是科特兰空军基地的所在地，核武器运载系统就是在那里研发和测试的。而且，阿尔伯克基附近还有Z部门，也就是桑迪亚基地（Sandia Base），那里有许多科学家和工程师在狂热地研究核武器。既然那次飞碟坠毁事件被列为最高机密，那么我们可以推断杜鲁门总统和五角大楼认为它涉及国防安全。

但果真如此的话，罗斯威尔事件应该会引起一次有关外星人入侵的重大预警。毕竟，那艘飞船似乎在监视我们最敏感的军事设施——新墨西哥州罗斯威尔市附近的罗斯威尔陆军航空机场第509轰炸机群。这里也是B-29轰炸机中队的大本营，两年前在日本的两座城市投下原子弹的就是这些B-29轰炸机，而且它们还将执行未来一切涉及核武器的任务。

这种监视活动十分可疑，很有可能来自一个企图入侵我们星球的外星文明。作为第二次世界大战的战胜国，以及当时唯一拥有核武器的国家，我们应该是他们占领地球的最大障碍。据估计，截至1947年7月，我们拥有不到50枚的原子弹，不过我们正筹备将其扩充至150枚。这其中有一些可能仍在桑迪亚基地处于研发中，但大部分已经运往罗斯威尔陆军航空机场，准备进行部署。当时，这道原子弹防线还很薄弱，一旦罗斯威尔的原子弹库被摧毁，我们将丧失抵御外星人先进武器的能力，如此一来，整个星球也就岌岌可危了。

我们并不惧怕地球上任何军事强国，但我们无法抵御一个我们对其一无所知的敌人，何况这个敌人还拥有穿越星际的推进技术。当我们发现外星飞船里有人体器官时，我们的恐惧无疑加深了。第二次世界大战的历史才刚被写进历史教科书，如今我们又面临着一场潜在的灾难性对抗。

这个局面实在太可怕了，以至美国或许已经向苏联求助，企图加快研发先进技术和武器，以抵御攻击。可能的话，我们会毫不犹豫地从昔日的死对头纳粹那里招募顶尖的科学家，但这势必会困难重重。

在与威廉·伯恩斯（William J. Birnes）合著的《罗斯威尔事件后记》（*The Day after Roswell*）一书的序言中，菲利普·詹姆斯·科索（Philip J. Corso）上校为人们敲响了警钟，他说：

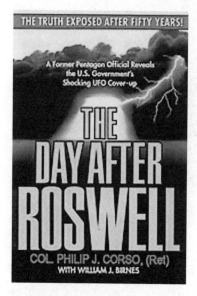

《罗斯威尔事件后记》图书封面
1997年由口袋书社（Pocket Books）出版

在发现外星飞船在罗斯威尔坠毁后令人困惑的几个小时里，由于没有其他任何信息的帮助，军方只得断定那些是外星生物。更糟糕的是，这架飞行器和其他飞碟不仅似乎一直在监视我们的防御设施，甚至显示出我们在纳粹那里见识到的技术，所以军方自然会觉得它们有不良企图，很有可能还在"二战"期间干涉了人类的战争。我们虽然不知道这些操纵飞碟的外星生物到底想要什么，但从它们的行为，尤其是它们对人类生活的干预，以及它们对家畜的虐杀传闻来看，我们很难不把它们当成潜在的敌人。这些似乎都意味着我们正在和一个比我们强大数倍的敌人对抗，而且它们拥有的武器足以将我们全部摧毁。

可是，有一个外星人活下来了。这扭转了整个局面。

美国陆军上校菲利普·科索

1962年，科索上校接到上司亚瑟·特鲁多（Arthur Trudeau）将军的命令：让他用从罗斯威尔飞船中找到的物品来推动美国工业的发展。

当时，他根本无从得知罗斯威尔飞船坠毁后的15年里发生过什么。那些信息保密度极高，且极其分散，就连艾森豪威尔总统都无法掌握全部情况。唯一知道所有细节的只有杜鲁门总统组建的绝密顾问委员会MJ-12。科索只知道，从那些在飞船坠毁现场发现的神秘仪器碎片上可以看出，外星人的技术远超于我们的认知。他要做的便是秘密地把那些技术转交给最有可能掌握它的精髓、将其完美复制乃至做出进一步改进的科学家和机构。

对此，他似乎扮演着"孤枪侠"①（The Lone Gunman）的角色。一来，他无权了解1947年后发生的事情；二来，他只能以类似平民的身份，秘密地将这些物品交予美国政府研发机构，然后默默离开。这也难怪他在1997年写《罗斯威尔事件后记》这本书时，仍然认为那些被叫作"埃本人"的外星生物是对美国和地球有潜在威胁的敌对分子。由此可见，情报分散化管理与保密机制是多么行之有效，即使过了15年，这位陆军上校仍然对真相一无所知。事实上，我们一直在洛斯阿拉莫斯国家实验室和51区②（Area 51）招待那些外星人，而且科学家们还成功复制出了一架埃本飞碟！

向里根总统汇报

1981年3月6日至8日以及1981年10月9日至12日，罗纳德·里根

---

① "孤枪侠"的说法最早源于1963年11月22日美国总统约翰·肯尼迪遇刺身亡事件。经调查后，沃伦委员会认为此案仅由一名枪手所为。一个人单枪匹马，轻而易举就暗杀掉了当时号称"世界第一强国"的美国总统，先不提这个结论遭受到的广泛质疑以及背后是否隐藏着巨大阴谋的可能性，从那时起世人将这名枪手——李·哈维·奥斯瓦尔德（Lee Harvey Oswald）称为"孤枪侠"。

② 指位于美国内华达州南部林肯郡的一个秘密区域，被认为是美国秘密进行空军飞行器的开发和测试的地方。

总统两度听取了有关坠毁的外星飞碟和我们与外星人打交道的情况简报。两次简报会都在马里兰州的总统行宫戴维营（Camp David）举行。会议内容被录制在54盒磁带中，交由国情局保管。因为其中部分信息谈到了可能会对国家安全构成潜在威胁的敌对外星种族，所以让国防部来保管这些磁带再合适不过了。由于政府机密文件的保密期是25年，所以直到2007年，这些磁带的内容才得以向公众披露。

维克托·马丁内斯将其中一次简报会的录音文稿命名为"披露27a"，并发布到了赛泊网站上。一开始，马丁内斯将匿名者发的揭露赛泊计划的电邮消息称为"帖子"，这个习惯从"帖子1"一直持续到"帖子18"。在那之后，他改称其为"披露"，并按收到的时间顺序依次用数字编号，从"披露19"开始。这次会议于1981年3月由一个自称"管理员"的人主持。

马丁内斯在文稿前面发表了如下声明：

作为一项长期"公众习服计划"的一部分，本次披露已获得美国政府最高行政部门的批准。

出席简报会的还有当时的中情局局长威廉·凯西①（William Casey）、三名顾问和一名中情局女速记员。国防部长卡斯帕·温伯格（Caspar Weinberger）和白宫办公厅副主任迈克尔·迪弗（Michael Deaver）起初也出席了会议，但中途离场。

以下节选的是简报会中涉及罗斯威尔事件的内容，这应该被认为是对该事件最权威的记录。

---

① 威廉·凯西（1913—1987），全名为威廉·约瑟夫·凯西，美国中央情报局第11任局长（1981—1986）。斯坦斯菲尔德·特纳（前中情局局长）曾戏称他的任职为"疯狂比尔的复活"，影射的是"二战"时期战略情报局那位杰出而性情古怪的负责人——美国间谍大王"疯狂比尔·多诺万"（原名为威廉·约瑟夫·多诺万），威廉·凯西与此人相熟并奉其为偶像。

管理员：早上好，总统先生。首先，请允许我向您简单介绍一下我的情况。但在此之前，总统先生，如果您在这场简报会中有任何疑问，请随时打断我。我已经在中央情报局工作31个年头了，从1960年开始负责这个项目。我们有个叫作"六人组"(Group 6) 的特殊团队，专门负责处理这些信息。

总统：早上好。我希望……嗯……我相信我一定会提问。今年1月，比尔①向我简单地汇报过一次，但他没有把全部事情都告诉我，因为我们当时只有1个小时的时间。

威廉·凯西：总统先生，我只给您迅速汇报几条"国家安全决策指令"(NSDD)，因为我们想把它们纳入有关这一议题的总体行动令。3号顾问、卡斯帕和我目前掌握的信息远远超过我在1月份之前所了解的。上届政府似乎不大乐意让我们接触到去年11月和12月简报会的内容。

总统：嗯，我之前对这块内容有过一点儿了解。那是1970年的事儿了。尼克松当时得了些好东西，还想拿出来和他的几个朋友分享。尼克松给我看过一些文件，我不确定文件是谁写的，不过……好像是关于新墨西哥州和别的什么地方的事。尼克松对那些事非常……着迷。他给我看过一个东西，是从那些飞船里找到的，好像是某种设备。那东西是从新墨西哥州飞船坠毁的现场拿来的。我不知道是不是……嗯……我们知道那是什么了吗？当年我们应该没弄明白，不过现在已经过去11年了，我们或许找到了答案。

管理员：总统先生，我能够回答其中一些问题。您想让我现在开始讲吗？

① 这里的"比尔"指的就是威廉·凯西。英文中 Bill（比尔）即 William（威廉）的昵称。

总统：噢。嗯……这是什么级别的信息？我是说，代号叫什么？我不记得他们怎么叫的了。

威廉·凯西：总统先生，叫"绝密字码"。正如我之前告诉您的，这类信息的保密等级已经超过"绝密"了。它有自己专属的保密等级，且高度分散化管理。

总统：嗯……这是最起码的。今天的会议有人在记录吗？

管理员：没有，总统先生，除非您希望我们这么做。

威廉·凯西：是的，记录工作是由中情局那位女速记员负责。我想我们应该记录下来，以免将来弄错。4号顾问也应该留下，因为他也是照管这些信息的一员。

总统：嗯，我不希望有人把今天的谈话内容泄露出去。虽然不清楚我们会谈些什么……对了，比尔，我想那个电话是找你的。4号顾问应该留下来。我猜他应该……嗯？……行，你去接电话吧，比尔。

威廉·凯西：好，我想4号顾问会留下的，但我觉得中情局那位女速记员也得留下。我去接那个电话吧。

总统：好，我们可以先谈正事，给我几分钟时间。咱们先去搞点儿东西垫垫肚子吧。这场会……嗯……对，要多长时间？1个小时差不多吧？

管理员：总统先生，我估计至少要1个小时，光是第一部分就需要这么久。这部分内容非常复杂。我会汇报清楚的，但问问题的话可能就需要再延长时间。

总统：好，知道了。我们先稍事休息再开会。

（茶歇）

管理员：总统先生，我们可以开始了吗？

总统：好，可以，开始吧。

管理员：总统先生，是这样，正如我之前提过的，这次汇报的内容属于美国政府最高机密。我会先放幻灯片进行展示汇报，大部分内容都在幻灯片上，但我还是列了一份大纲，已经发给在座的各位了。

……自1947年以来，美国一直有外星访客来访。我们有证据证明这一点。同时，我们还有一些证据可以证明，在过去的数千年间，有不同种族的外星访客到访过地球。总统先生，下面我将直接称它们为"外星人"。1947年7月，新墨西哥州发生了一起轰动的事件，两艘外星飞船遇到了一场风暴，双双坠毁（见附图3）。其中一艘落在新墨西哥州科罗纳的西南部，另一艘落在新墨西哥州达蒂尔附近。美国陆军最终发现了这两个地方，并找到了飞船残骸和一个幸存的外星人。我称它为"Ebe1"。

总统：这是什么意思？我们有这种代号或专用语吗？

管理员：总统先生，"EBE"就是"Extraterrestrial Biological Entity"（外星生物实体）。这是当年美国陆军给这种生物指定的代号。由于这种生物不是人类，所以我们必须给它定一个称呼。因此，科学家将这个生物命名为"Ebe1"（见附图4和附图5）。我们有时也称它为"诺亚"（Noah）。当时的美国军方和情报部门还用过各种不同的说法。

总统：还有别的外星人吗？或者曾经有过？既然用数字"1"，那似乎表示还有其他的。

管理员：对，的确有过，至于其他外星人是如何被我们发现的，我们会解释的。

总统：好的，抱歉，我只是有点儿好奇，我猜……嗯……我相信这次汇报肯定会提到这些。请继续。

管理员：在第一个坠毁点找到的残骸和外星人都被送到了新墨西哥州罗斯威尔陆军航空机场。他们对幸存的外星人身上的几处轻微伤口进行了处理，然后把它带到洛斯阿拉莫斯国家实验室。那里算得上全世界最安全的地方，他们还给它安排了特别的住处。飞船残骸最终也被转移到了俄亥俄州的代顿，那里是美国空军外国技术部（Foreign Technology Division）总部的所在地。第二个坠毁点直到1949年才被几个农场主发现，那里没有幸存的外星人。那些飞船残骸也被送到了位于新墨西哥州阿尔伯克基的桑迪亚基地。

总统：好，问个问题，第一个坠毁点的飞船里有几个外星人？

管理员：5个死的和1个活的。死去的外星人尸体被运到了俄亥俄州的赖特-帕特森空军基地，用深度冷冻的方式保存。后来，那些尸体又被运到了洛斯阿拉莫斯国家实验室，存放在特制的容器里，以防它们腐烂。第二个坠毁点有4具外星人尸体。那些尸体已经严重腐烂。它们已经在沙漠里放了两年了，在此期间还遭到了动物的啃噬。那些尸体先被送到了桑迪亚基地，最终转运到洛斯阿拉莫斯国家实验室。我们发现，两艘坠毁的飞船设计相似，那些外星人的身体构造也完全一样。它们看起来就像是一个模子里刻出来的，身高、体重和五官都没有任何差别。这些是外星人的照片。

总统：我们能对它们进行归类吗？我的意思是……嗯，它们身上有和地球生物相似的地方吗？

管理员：没有，总统先生。除了都有眼睛、耳朵和嘴巴，它们没有其他任何与人类相似的特征。它们的内脏器官和我们的不同，皮肤、眼睛、耳朵，还有呼吸方式全都不同。它们的血不是红色的，大脑也不像人类的大脑。我们完全不能把这些外星人归为人类。它们有血和皮肤，但和人类的很不一样。它们的眼睛上长着两层不一样的眼皮，或许是它们的星球上太亮的缘故。

总统：或许我有点儿超前了，我想问一下，我们知道它们从哪里来的吗？火星？银河系？还是哪里？

管理员：是的，总统先生，我们知道它们来自哪里。需要我现在告诉您答案吗？不过我到后面也会提到的。

总统：不，不用，你接着说。不着急。

管理员：谢谢您，总统先生。那个幸存的外星人直到1952年才去世。我们从它身上了解到了很多信息。虽然它没有人类的发声器官，但它能在军医的操作下与人类交流。那个外星人非常聪明，它通过聆听为它提供安保和护理的军事人员讲话，很快就学会了英语。Ebe1被安置在洛斯阿拉莫斯国家实验室和桑迪亚基地附近的一个特殊地区。尽管有许多不同的军医、科学家和某些特定人士都对它进行过研究，但它从未有过不耐烦，也从没发过脾气。它帮助我们了解了从两个坠毁点找到的所有物品，甚至还向我们展示了其中一些物品的用法，比如通信器。它还向我们展示过其他各种设备的使用方法……

总统：打断一下，你一直称呼这种生物为"它"，那它有性别吗？

管理员：抱歉，总统先生，有的，它其实是男性。在外星人的族群里，它们也有男女之分。

总统：好，谢谢。请继续……

管理员：外星人的宇宙飞船只需要用我们地球上9个月的时间就能航行约38光年的距离。因此，不难看出，外星人宇宙飞船的航行速度远超光速。但真正有技术含量的是，它们的宇宙飞船甚至可以不需要以光速航行，而是直接通过一条"空间隧道"，就能更快地从A点到达B点。虽然我不能完全理解它们这种通行方式，但我们有许多顶尖科学家搞懂了这一概念。

想了解里根总统1981年3月简报中有关赛泊计划的内容，请参见附录11。

新纪元

我们从幸存的Ebe1身上和坠毁的飞碟中所了解到的一切，以及我们后来与Ebe1的星球之间的联系开启了地球历史的新纪元。这是地球在银河系外交舞台上迈出的第一步，与此同时，它也促使美国与一个遥远星球文明之间缔结了一种长久的联盟。这犹如一副帮助我们抵御南极洲"第四帝国"威胁的良方，而且它来得正是时候。罗斯威尔事件不仅彻底改变了美国的科技，更拓宽了我们的宇宙视野，也为我们打开了通往太空时代的大门。

第四章　洛斯阿拉莫斯　　　　　　　　　　Chapter 4

━━━━━━━━━━━━━━━━━━━━━━━━━━━━━━━━

事后我才猛然意识到，我观察到的电波干扰或许来自某种智能控制。虽然我当时无法解读它们所代表的含义，但我也知道那些波动的产生绝非偶然。我越来越觉得自己是最早聆听到来自其他星球问候的人。

——《与行星对话》（"Talking with the Planets"）

尼古拉·特斯拉[①]（Nikola Tesla），1901年3月发表于《科利尔周刊》（*Colliers Weekly*）

选择在新墨西哥州圣达菲附近的洛斯阿拉莫斯国家实验室来安置那位在科罗纳坠毁点发现的幸存外星人，乍一看似乎很奇怪，也不合适。罗斯威尔事件发生之时，也就是1947年7月，距离美军在日本投下两颗原子弹才刚过去不到两年，洛斯阿拉莫斯国家实验室成立也才4年，一切都还很简陋。最早的时候，这里是一所专为想体验户

---

① 尼古拉·特斯拉（1856—1943），塞尔维亚裔美籍发明家、物理学家、机械工程师、电气工程师，电力商业化的重要推动者之一，主持设计了现代交流电系统。

外生活的男孩开设的私立学校——洛斯阿拉莫斯牧场学校，后来，曼哈顿计划^①(Manhattan Project)的负责人罗伯特·奥本海默(J. Robert Oppenheimer)看中了这里，得到莱斯利·格罗夫斯(Leslie Groves)将军批准后，此地于1942年11月正式被陆军征用，成为专门设计和开发原子弹的场所。换言之，这里被军事征用了。但为了让孩子们完成秋季学期，战争部长亨利·斯廷森(Henry Stimson)答应等到1943年2月8日再进驻。

"二战"期间，洛斯阿拉莫斯国家实验室的工作人员主要是来自世界各国的顶级理论物理学家。1945年秋天，"二战"刚结束不久，随着几位主要的核科学家回归学术界或进入企业担任顾问，以及初级员工也辞职去攻读更高学位，这支科学家队伍的人数锐减。奥本海默也在战争结束几周后辞职，进入普林斯顿高等研究院担任院长。1945年10月，诺里斯·布拉德伯里(Norris Bradbury)接替他成为洛斯阿拉莫斯国家实验室的新负责人。1946年春天，由于布拉德伯里在战后一直致力于探索实验室的民用价值，团队中仅剩的1200名工作人员与当时刚成立不久的原子能委员会展开密切合作。不过，实验室在新时代的核心目标仍然是核武器的研发。洛斯阿拉莫斯国家实验室官网上这样描述：

> 20世纪40年代末，随着团队开始改良及测试裂变武器，并逐渐扩大氢弹研究项目，实验室筹措了资金来重建核心技术区域和改善房屋设施。1946年和1948年，我们分别完成了两项系列试验——"十字路口行动"(Crossroads)和"沙岩行动"(Sandstone)。20世纪40年代，实验室一共进行了6次核武器试验，使得我国核弹

① 曼哈顿计划是第二次世界大战期间研发出人类首件核武器的一项军事计划，由美国主导，英国和加拿大协助进行。

储备数量从1945年末的2枚增加到1949年的170枚。

有意思的是，罗斯威尔空军基地的安全官杰西·马塞尔（Jesse Marcel）少校曾在比基尼环礁（Bikini Atoll）上进行的"十字路口行动"中担任陆军安全官。在当时，没有任何证据表明实验室进行过其他类型的研发工作。20世纪40年代末，布拉德伯里手上能利用的资源极其有限，因此他似乎不可能有足够的财力开展其他任何类型的研究。

如今的洛斯阿拉莫斯国家实验室

偏执的规则

之所以将1947年罗斯威尔事件中唯一幸存的外星人送到洛斯阿拉莫斯，最重要的原因或许是他们想了解那些外星飞船所具备的先进技术，并看看那位外星人能提供给他们什么样的科学信息。当然，洛斯阿拉莫斯国家实验室的理论物理学家们是最有能力解读这些信息的人，或许还能将其转化为对人类有用的技术。在一个更理想化的完美世界中，如果出现这样一位来自外星球的不速之客，他可能会被送到一所顶尖大学，与那里的地球学者们交流，从而让我们了解他的母星。可在当时，一场可怕又残酷的战争才刚刚结束两年，而且军方还在为另一场可能爆发的大战做准备，因此，打造先进武器便成了美国政府的当务之急，于是，文明的好奇心被偏执所取代。

洛斯阿拉莫斯国家实验室的
西埃洛超级计算机

但从另一个角度来看，这种偏执似乎也不无道理，因为我们对那些外星人的动机一无所知，而且，那艘飞船显然是在监视世界上最敏感的军事设施。如果有哪个外星文明计划入侵地球，他们势必会先打探清楚当时这个星球上最强国家的最强军事力量如何。仅仅是这种可能性就足以证明将外星人送到洛斯阿拉莫斯是有必要的。

事实上，随着越来越多关于罗斯威尔事件的秘密信息浮出水面，人们开始意识到那艘外星飞船或许的确是在为某种即将到来的大规模着陆行动打探情报。陆军上校菲利普·科索显然也是这样认为的，他在《罗斯威尔事件后记》一书中这样写道：

一场50年前看似以人类失败而告终的战争背后的真相……现在总算可以公开了，因为我们才是胜利的一方。这还要从1947年7月的一天讲起，黎明未至，美国军队（当时，他们只是隐约意识到我们正处于一场潜在的灾难性事件边缘）顶着夜幕从沙漠里把那艘坠毁的飞船残骸拖了出来，拿走了它的零部件，正如那艘飞船上的外星人曾计划拿走我们身体的零部件一样。

这种可怕的想法显然是基于一份绝密报告，里面提到在那艘坠毁的外星飞船里发现了人体器官！

其次，当然还有安全方面的考虑。政府方面在坠毁发生后当即决定，严格封锁消息，对整个事件绝对保密，所以安置外星人的地点也必须非常安全，而在当时，再也没有比曼哈顿计划的大本营更安全的地方了。仅安全这一点要求就排除了选择大学作为外星人安置点的可能性。早年间，就连五角大楼也不如洛斯阿拉莫斯安全——1947年，五角大楼建成不过才4年时间，而且它位于弗吉尼亚州北部一个十分繁华的地区中心，而通往洛斯阿拉莫斯的唯一入口是一条隐藏在峡谷中的山路。

首次通信

与外星人打交道首先要解决的就是沟通问题。大家都认为，如果连这个国家最顶尖的科学家都无法与外星人交流，也就没有其他人能做得到。把这个外星人安置妥当后，可以根据需要请一些更合适的语言专家来协助互动交流。当然，这些人必须事先经过严格的背景调查，并签署一份保密书，才能获准进入实验室。

MJ-12决定把罗斯威尔外星人称为"埃本人"。这个说法是从EBE

衍生而来，毫无创造性可言。这位被MJ-12授予代号"Ebe1"的外星人
在洛斯阿拉莫斯舒适地安顿下来之后，积极配合，努力克服双方的交
流障碍，但语言差异实在太大，似乎无法逾越。

正如史蒂文·斯皮尔伯格1977年执导的电影《第三类接触》（参见
第十八章）中所展示的，埃本人的语言充满了音调变化，听起来就像
在唱歌。根据赛泊网站的一位用户描述，这是一种"尖厉的歌声"。有
些声音美国人根本发不出来。Ebe1在接下来活着的整整5年时间里，只
教会了洛斯阿拉莫斯的科学家们大约30%的"埃本语"。根据匿名者的
说法，"有些复杂的句子和数字根本无法识别"。

经Ebe1辨认，有一台从外星飞船上找到的完好无损的设备是他和
母星之间用来传递信息的通信器，他向科学家们演示了它的使用方法，
但那东西无法启动。因此，那5年间，Ebe1都无法与自己的母星取得联
系，直到1952年夏天，Ebe1死前不久，有位科学家突然意识到这台设
备必须由外星飞船上的能量源驱动。当他们这样尝试后，设备果然启
动了。令人倍感意外的是，发现这一关窍的竟然是一个地球人，而不
是那个外星人。

所以显而易见，Ebe1的智商并不高。匿名者告诉我们，Ebe1不是科
学家，而是一名机修工。设备成功连接后，那位外星人立刻给他的星球
发消息。那年夏天，他一共发送了6条信息，且全部发送成功。他为洛
斯阿拉莫斯国家实验室的科学家们把那些信息大致翻译成了英语。

第一条信息通知了他的星球他还活着。第二条信息讲了飞船坠毁
和他的所有同伴都因此丧生的事情。第三条信息是请求他们派一艘救
援飞船来地球接他回去。在科学家们的敦促下，第四条信息是提议安
排一次与地球官员的正式会谈——这里的"官员"指的当然是美国人。

据匿名者所述，第五条信息说的是美国政府要求进行一项交流计
划。最后，第六条信息为未来的访问提供了地球上的着陆坐标。鉴于
Ebe1既不理解我们的年表，也不理解我们的数字体系，而且我们早就

知道埃本人可能完全看不懂那些坐标，他们的这种做法实在令人费解。

后来，Ebe1的确收到了一些回复，但回复的内容只有他能看懂。虽然他尝试把那些消息翻译成英文，但翻译理解起来相当费劲。显然，他的星球答应了对地球再次进行访问，但他们指定的日期是十多年以后！科学家们推断肯定是哪里搞错了，但直到1952年夏末Ebe1去世前他们都没弄清楚这件事。

关于第五条信息中的交流计划，匿名者补充解释道：

> 虽然没有文件证实这一点，但据说是Ebe1的军方看守建议他提出一项交流计划，要求允许我们派遣一个美军团队（即后来的赛泊探险队）去访问他们的星球，进行文化和科学交流，并收集天文[数据]。

如上所述，Ebe1确实提出了这项建议，但那条信息并没有得到答复。由于这场博弈才刚刚开始，所以，此时提出交流计划显然就是为了刺探情报，而并非真的奔着友好交流的目的去的。不过，那些外星人显然也是来秘密监视我们的，加上在宇宙飞船里发现的人体器官，因此我们将埃本人视为潜在的入侵者，尽管我们已经知道他们并非一群以人肉为食的生物！

不管怎样，这一发现让我们对这个从天而降的种族产生了不信任感，所以才想了解他们的内幕消息。毕竟，我们发现了他们偷偷摸摸地查探我们的军事实力，而不是光明正大地降落在曼哈顿区的联合国总部大楼，要求会见我们的国家首脑。再则，他们很清楚，他们所掌握的星际航行技术是我们不惜一切代价想得到的，只要他们同意，我们会毫不犹豫地前往他们的星球访问！况且，这一建议最初是由"军方看守"提出的，这就强烈暗示了这场访问是出于军事方面的动机。

在洛斯阿拉莫斯发生了什么?

Ebe1死后,洛斯阿拉莫斯的科学家们参考Ebe1曾经给他们写的一张埃本语词汇表,继续尝试与赛泊星球取得联系。根据国情局的资料,科学家们曾在1953年发出过数条信息,但没有得到任何答复。之后,他们用了一年半的时间专注于研究埃本语语法,1955年,他们又发出了两条信息,而这次终于收到了回复。

这对我们的星球而言是个了不起的突破,也是科学家们取得的卓越成就。从此,我们和一个与地球远隔浩瀚宇宙的外星文明开始了真正的

埃本字母表

对话。这可比伽利尔摩·马可尼①（Guglielmo Marconi）和亚历山大·格拉汉姆·贝尔②（Alexander Graham Bell）取得的成就伟大多了，要不是因为这是一起绝密事件，它早就登上全世界各大报纸的头版头条了。

当第一条来自外星人的消息出现在通信器上时，可想而知实验室里的科学家们有多么欢呼雀跃。接下来的工作就是翻译了。单凭自己的力量，科学家们只能理解其中30%的信息。不过，在美国及国外大学的语言学家的帮助下，他们成功地把大部分信息都翻译成了英语。

考虑到埃本人比我们聪明，科学家们决定用英文回复，希望他们翻译我们的语言会比理解我们写的埃本文更轻松。4个月后，科学家们收到了一条十分蹩脚的英文回信。埃本人似乎不明白动词的概念，回信内容里只有名词和形容词。我们花了几个月时间才弄懂那些英文的意思。看来，如果我们给他们发一些基础的英文学习资料，或许能尽早让双方的交流变得更高效，也就不用继续费力地去啃那种神秘的埃本语了。

这样做了之后，又过了6个月，洛斯阿拉莫斯的科学家们收到了另一条英文回信，这回内容好理解多了：他们正在学习我们的语言。但根据匿名者的说法，"埃本人会搞混很多英文单词，而且还是写不出一个正确的句子"。不过，这是一个良好的开端。如今，埃本人已经掌握了基本的英文沟通。对于那些有能力穿越银河系，同其他文明交流的生物而言，破译人类五年级小学生就能掌握的语言规则肯定不是什么难事。

埃本人还非常贴心地给我们发来了一份他们认为与英文字母对应的埃本字母表概要。这份字母表被转交给那些和洛斯阿拉莫斯科学家

---

① 伽利摩尔·马可尼（1874—1937），意大利无线电工程师，实用无线电报通信创始人。——编者注
② 贝尔（1847—1922），美国发明家，发明了世界上第一台可用电话机。——编者注

们一起工作的大学语言学家。我们的语言专家仔细钻研，冥思苦想了很长一段时间，直到5年后，我们才总算对埃本语有了基本的了解，而埃本人似乎也能用英语磕磕绊绊地与我们交流了。

再次访问

在这5年间，也就是在艾森豪威尔总统执政的最后几年里，科学家们继续寻求机会安排埃本人访问地球，埃本人似乎也有这种想法。看样子，我们双方都有意建立一种外交关系。如前文所述，虽然我们，尤其是那些科学家的动机无疑是出于高尚的社会和科学研究兴趣，但我们的政府官员、军方和情报人员怀疑外星人有不良企图，因此他们更关心的是学习外星人的先进技术，好用于研发武器。我们依然希望他们的访问将促成一项交流计划。

还记得吗，Ebe1在我们的敦促下发给母星的第五条信息就提到了这个建议，只不过就算Ebe1真的收到了肯定的回复，他当时也翻译不出来给我们听。不过，那些外星人很有可能和我们有着同样的目标。我们可以非常肯定地说，他们对我们的原子弹非常感兴趣。正如我们后来在他们的星球上了解到的，他们并没有研发出核技术，虽然他们拥有一种更强大的粒子束武器，且曾运用于战争当中。

此外，埃本人还想取回他们死去同胞的尸体。这就值得说道了。虽然我们的确在洛斯阿拉莫斯国家实验室用先进的低温冷冻技术保存了那些尸体，但据匿名者透露，我们对在科罗纳坠毁点找到的5具外星人尸体中的4具进行了解剖检查。我们大概也向他们解释了，可他们竟丝毫不感到惊讶。事实上，他们可能早就料到了，而且，正如我们后来在赛泊星球上了解到的，埃本人对于生物研究有着自己的一套操作流程，比尸体解剖要血腥恐怖得多。

计划这次访问远比我们想象中要复杂得多。我们理解不了他们的日期和时间系统，而他们也同样理解不了我们的。我们给他们发了许多资料，比如我们的行星自转和公转频率，我们标记日期和时间的方法，以及我们发送资料的精确位置，但埃本人一直无法理解我们的计算规则。

1960年，我们终于明白了他们的时间系统，并将我们认为他们能理解的经纬度坐标发给了他们，但我们并不确定他们是否真的能看懂。1962年初，我们研究出了一种更好的方式。匿名者说："后来，我们决定以图片的形式，把地球、地标建筑的样貌和一套简单的时间周期编号系统发给他们。"他们让我们定一个日期，于是我们就定在了1964年4月24日。

选择着陆地点是更加复杂的一件事。军方策划者一来想确保他们的登陆绝对安全，二来也不希望向媒体和公众走漏哪怕一丝风声。起初，他们考虑的是偏远的岛屿，但后来又意识到，海军舰艇的不寻常活动可能会引起人们的怀疑。于是，他们决定，为了确保整件事情完全保密，登陆地点必须在军方的控制范围之内。

最后，他们选定了新墨西哥州霍洛曼空军基地（Holloman Air Force Base）附近的白沙导弹靶场南端。霍洛曼空军基地以前被称为阿拉莫戈多陆军机场（Alamogordo Army Air Field），"二战"期间是第八批空军轰炸机组人员的训练场所。此外，他们还在霍洛曼空军基地选了一个假的登陆点以混淆视听。1962年3月，埃本人确认了这些安排。自Ebe1死后，我们花了10年时间才最终达成了这一历史性的协议。

疑点重重

这项计划实施的时间如此之长，多少让人觉得有些奇怪，因为埃本人肯定已经有一艘母舰在绕地旋转，所以按理说应该能立马派出一艘侦察飞船登陆地表。毫无疑问，那艘在罗斯威尔附近坠毁的六人微型飞船绝不是单枪匹马从38光年（约360万亿千米）之外的泽塔网状星系来到地球的。如果这艘母舰在罗斯威尔事件发生后仍在绕地飞行，为什么埃本人不直接再派一艘侦察飞船来地球与我们正式会面呢？MJ-12和政府肯定也有过这样的疑惑，而且肯定在早期的星际对话中提出过这个问题。

由此可见，一些谈判可能的确发生了——在国情局这个最终在2005年披露赛泊事件的部门不知情的情况下。这一点也不足为奇，因为1953年国情局还没有成立。国情局是由约翰·肯尼迪总统的国防部长罗伯特·麦克纳马拉（Robert S. McNamara）于1961年10月正式创建的。因此，对于1947年7月外星飞船在罗斯威尔坠毁后到国情局成立期间发生过什么，国情局的成员只能从它成立后收集到的信息中得知，而那些信息全都是艾森豪威尔总统执政时期陆军和空军的绝密情报。

那么我们有理由推断，这些军事情报机构并不愿意把他们手头上的绝密信息移交给一个由一位年轻的民主党总统创建的新情报机构，更何况那位新总统的计划是将所有的下级职能部门合并成一个联合机构。因此，他们很有可能不配合交接工作，没有把艾森豪威尔总统执政时期所发生之事全部告知，甚至还有可能提供了一些假消息。更有可能的是，他们说服了MJ-12组织不把相关情报分享给国情局，从而保障情报的分散化管理。

正如我们将在第五章看到的，这一切很有可能在当时原原本本发生过，因为我们现在知道埃本人在1953年5月20日的确向地球派出了一艘侦察飞船。那艘飞船没有坠毁，而是安全着陆了。所以显而易见，那些在1953年初发出的消息肯定也收到了回复，只不过国情局在1962年参与这个项目时并没有被告知这一点。

第五章 "金曼事件"

与罗斯威尔事件一样，1953年另一艘外星飞船在亚利桑那州的金曼（Kingman）附近"坠毁"的消息被严格保密了近25年。要不是因为美国国家空中现象调查委员会（National Investigations Committee on Aerial Phenomena，简称NICAP）中有位十分尽责的调查员写过一份极其详尽的报告，这一事件至少还得再等10年才会被人们知晓。

20世纪五六十年代，NICAP的不明飞行物调查团队凭仗着顽强不屈的精神不断发掘不明飞行物事件，且对案例严格筛查、谨慎报道，从而让他们声名远播。他们的调查结果多次得到证实，而且报告的内容也无懈可击。正是他们这种专业素养给各大报纸留下了深刻印象，从而让不明飞行物事件在20世纪60年代成为主流媒体争相报道的对象。

这种大肆宣传让政府觉得面子上挂不住，只得在1966年正式成立了官方的不明飞行物调查机构——如今臭名昭著的康登委员会（Condon Committee），他们的工作开展很大程度上依赖NICAP的实地考察和报告。1976年，NICAP资深调查员兼撰稿人雷蒙德·E. 福勒（Raymond E. Fowler）首次在《不明飞行物杂志》（*UFO Magazine*）上撰文揭露了"金曼事件"。该文后又被收录在他的专著《不明飞行物调查案例汇编：个人回忆录》（*Casebook of a UFO Investigator: A Personal Memoir*，1981

年3月由普伦蒂斯·霍尔出版公司出版）中。空军蓝皮书计划（Project Bluebook）的首席科学顾问约瑟夫·艾伦·海尼克①（J. Allen Hynek）称福勒是"一位杰出的不明飞行物调查员……他是我所认识的人当中最敬业、最值得信任，也是最有毅力的一位……[福勒的]调查十分细致翔实……远远超过了蓝皮书"。

不明飞行物调查员
雷蒙德·E.福勒

　　福勒在他的文章（和书）中提到，在他1973年参与NICAP调查的过程中，有位受访者声称在亚利桑那州目睹了那架坠毁的飞碟。在福勒的报告中，受访者不愿意透露真实姓名，而同意用化名"弗里茨·维尔纳"（Fritz Werner）。福勒对待取证工作向来一丝不苟，所以他不仅要

---

① 约瑟夫·艾伦·海尼克（1910—1986），科学不明飞行物学之父、美国著名学者、世界飞碟学权威，代表作品有《不明飞行物经验谈》（The UFO Experience）等。

求维尔纳原原本本地讲述他的经历，还让他在报告上签字，他同意了。

在那份日期为1973年6月7日的报告中，维尔纳说，1953年5月21日，他"协助调查一个在亚利桑那州金曼附近坠毁的不明物体"（见附图6）。据维尔纳的说法，那个物体呈椭圆形，直径约9米，而且材质是"一种不太常见的金属，很像拉丝铝"。他还说，那架飞碟并没有损坏，只是扎进了沙地里大约半米深的地方。这表明它降落时的速度并不快，或许，这只是一次正常着陆，而不是什么"坠毁"。

此外，飞碟上有一扇约1米高的舱门是打开的，这再次表明降落及离舱是井然有序的。舱门的高度也暗示了这艘飞船上船员的身高。在报告中，维尔纳声称他看见在飞船附近的一顶帐篷里有一具外星人尸体。福勒引用了他的原话："一名武装宪兵守卫着一顶搭在附近的帐篷。我偷偷往里瞥了一眼，看见了一具约莫1.2米长的人形生物尸体。它身穿一套银色金属质感的服装，脸上的皮肤呈深褐色……"

他的证词从那时起开始变得有些可疑，因为据他所述，他很肯定这个外星人是那艘飞船上"唯一的船员"。由于他无法进入飞船内部，他不可能仅凭那一眼观察就知道飞船上当时载了多少人。因此，这一点想必是某位权威人士告诉他的。这个"漏洞"或许推翻了他所述全部内容的真实性。这表明或许有人故意让他看见那个死去的外星人，然后再告诉他这是飞船上唯一的船员。

维尔纳告诉福勒，1953年5月21日晚上，15名工程师和科学家从亚利桑那州的菲尼克斯空港国际机场出发，被一辆车窗涂黑的大巴带到了坠机现场，他就是其中一员。当时，他正被借调到位于内华达试验场（Nevada Test Site）的美国原子能委员会工作，帮助评估原子弹试爆对各种结构的破坏力。

他是从内华达空军基地的所在地印第安斯普林（Indian Springs）飞往空港国际机场的。在金曼空军基地，军方希望利用他的专业特长，根据飞碟砸进地面的情况估算出其撞击速度。他最终得出的结论是，飞碟落地前的航速约为100节（185千米／小时）。这几乎可以确定为反重力飞行器的着陆速度了。

福勒知道维尔纳的真名[我们现在知道他叫亚瑟·G. 斯坦希尔 (Arthur G. Stancil)]，也查清了他的底细。他发现，斯坦希尔在1953年确实是一名美国空军的项目工程师，且与原子能委员会签订了工作合约，而且曾在赖特-帕特森空军基地的外国技术部工作。福勒已查明斯坦希尔的履历和所有证件都是真实的，而且他没有理由去搞这样一出恶作剧。

大巴上的人在军警的护送下一个一个地前往戒备森严且灯火通明的坠毁点，并依照指示专注完成自己的工作。而且，他们还不被允许私下交流，也不得谈论那里发生的一切，所以，维尔纳往帐篷里窥探其实违反了相关规定。考虑到整个过程中的安保措施如此严格，军警们似乎不太可能没留意维尔纳的这一行为。因此更有可能的情况是，军警们是故意让他看到外星人的，而且让他觉得是他自己偷窥到的，之后又引导他确信他看到的是飞船上唯一的船员，而且已经死了。事实上，似乎不太可能只有维尔纳"有幸"看到这一幕，很有可能那15名研究员全都享受到了这种"福利"。

后来，所有的参与人员都进行了保密宣誓，但整个过程显得十分轻描淡写：一位空军上校上了那辆大巴，要求他们在《公务保密条例》(Official Secrets Act) 上签字。然后，他要求所有人举起右手，发誓决不泄露他们此行的见闻。这与坊间流传的恐怖故事大不相同，在那些故事中，威逼恐吓和死亡威胁是惯用的伎俩，而空军似乎很期待这些人日后透露这起事件，并将他们往帐篷里看到的东西公之于众，这样的话，那个"唯一的死亡船员"的说法就会在民众当中传播开来。在后文中，我们将会看到为什么他们要进行这种狡猾的操作，以及为什么这种做法如此重要。

另一个版本

　　最初的赛泊计划揭秘网站邀请了军方、情报部门和其他接触过赛泊事件的政府内部知情人士将他们所了解的有关该计划的内幕或亲身经历发表出来。2006年8月发表在赛泊网站上的一篇帖子揭露了"金曼事件"背后的真相。那是一份两页纸的机密备忘录影像，显然是写给另一个政府组织的书面简报文件，上面的日期写的是1995年3月24日。

　　这里值得注意的是，那篇帖子的发布者显然知道，或者至少怀疑"金曼事件"和赛泊计划之间存在着某种联系。发帖者是一名研究人员，他虽然公布了自己的名字，但在帖子里看不出他的真实身份。在那份机打的文件中，他提到了一艘"坠落在亚利桑那州的飞船"。文件抬头处有一串手写的文字，写着"1953年于金曼空军基地以北的金曼塞尔巴特山脉"。该空军基地就是如今的金曼市政机场（Kingman Municipal Airport），塞尔巴特山脉（Cerbat Mountains）则位于机场西北方向大约16千米处。

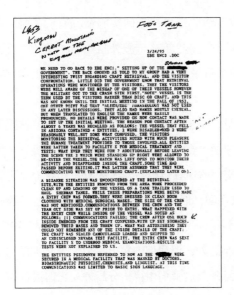

发布在赛泊网站上的
备忘录影像

亚利桑那州金曼空军基地附近的塞尔巴特山脉

这份文件披露了金曼坠毁飞船搜救事件的惊人内幕，也让我们对与埃本人建立长期合作，以及逆向工程计划的实施情况有所了解。首先，文件证实了斯坦希尔提到的1953年有一艘外星飞船在金曼附近坠落的说法，但对于飞船船员的数量和状态的描述似乎与他的版本有较大出入。

文件上说一共有4名船员，而且全都活着，上面的原话是"这艘飞船上……有4个生命体，其中两个受了伤，另外两个身体状况良好，但精神状态有些混乱"。这份文件的作者声称，当时还有另一艘外星飞船在密切监视军方的飞船搜救行动，但我们的人并不知情。他说："政府完全不知道那场救援行动受到了外星访客的监视……那些外星人非常清楚他们有一艘飞船出了点儿小意外，但我们的军方比他们先一步抵达坠毁点。"在这个语境中，"小意外"这个词用得十分巧妙。它的潜台词其实是说飞船并没有遭遇像坠毁这么严重的情况，充其量是着陆点偏离预期罢了，这就意味着飞船没有在原计划的目的地降落。考虑到获救的飞碟最终被送到了内华达试验场，我们有理由推断它原本就是打算在那里降落的，即现在着陆点的西北方，直线距离只有大约320千米。

事实上，很可能我们对这次会面是事先有所准备，这也能解释军方的救援人员为何能如此迅速地赶到现场。要想赶超那些超声速外星飞船，他们必须以闪电之势开展这次远距离救援。所以很明显，救援队一早就对整个亚利桑那-内华达地区高度戒备，以随时应对这样的"意外"发生。

而且，整件事最让人觉得不可思议的地方在于，若不是事先进行过某种沟通，像这样的火速行动任谁也办不到。以往发生突发事件，都是由民众向警方报案，然后警方再汇报给军方，少说也得花上几个小时甚至几天的时间。而那艘飞船的坠毁点是在偏远的山区，所以军方肯定是直接收到了关于坠毁点具体地理坐标的信息。这也就意味着军方一直在与外星人通信。

我们已经知道洛斯阿拉莫斯国家实验室的科学家们可以直接与外星球联络，所以事情的发展顺序想必是这样：那四位疑似埃本人的受困船员向母星球发送了求救消息，然后母星球给洛斯阿拉莫斯发送消息，之后洛斯阿拉莫斯再立刻给救援队发送信息。

根据备忘录里的描述，监控飞船上的外星人对我们提供给那些受困船员的人道待遇非常满意。这意味着，我们在那几位外星人着陆后对他们非常友好，否则，我们不可能收到那样的评价。备忘录上说外星人"有着自己的一套计划，他们忙着对隔离区里的各种事物进行分析，包括食物、设施和我们。看那架势，好像我们才是囚犯，而他们倒成了绑架者"。

两个没有受伤的外星人要求重新回到飞船上。我们同意了，但还是把舱口开着，以便观察他们的一举一动。后来我们才意识到，他们可能在和监控飞船通信。等他们下了飞船，我们便把这4名外星人集体带到洛斯阿拉莫斯国家实验室，我们在那里事先为他们准备好了一个特殊生活区，并在那里对他们进行了治疗和医学测试。

备忘录上说，他们"被安置在一处医疗点，那里配备了医生、太空医学专家、物理学家、化学家和语言学家。当时，双方的交流仅限于简单的手语"。由此来看，我们对整个行动必定是有所准备的。而且，洛斯阿拉莫斯的生活区显然就是一年前为Ebe1打造的那个，这无疑表明了他们也是埃本人。

坐火箭下地狱

我们从备忘录中了解到一件怪事。在那些外星人被带到洛斯阿拉莫斯国家实验室后，军方救援队决定进入那艘飞船。接下来发生的事情出乎所有人的意料，简直是匪夷所思。备忘录上写道："军方组建了一支队伍进入飞船，他们穿着无尘服，戴着医用外科口罩，但队伍的具体人数并未提及。

进入飞船前，那支队伍和外部留守人员之间的通信已经建立。进入飞船之后的情况如下：通信中断，一小时后，从飞船里出来的队员变得有些精神错乱，肚子痛，扯掉口罩吐了起来。而且让人觉得不可思议的是，他们竟完全不记得飞船里面的样子。

6个月后，当一位进入过飞船的战斗机飞行员被问及是否愿意加入一支新队伍再次进入飞船时，他回答道：'我宁可坐火箭下地狱，也不愿再踏进那艘飞船一步。'"

这种体验显然和那艘把宇航员送到赛泊星球的外星飞船联系在了一起，因为当时赛泊探险队中有几位成员在第一次进入埃本飞船后产生了相同的反应。

　　根据备忘录中所述，这次营救行动中最值得注意的地方是，军方救援队来的时候携带的装备极其完善。他们甚至还带了一辆曾用来运输M4谢尔曼中型坦克的拖车。这就说明他们肯定事先就知道那艘外星飞船的大致尺寸（其直径超过9米）。所以很明显，这一事件的目的就是要把飞碟交给我们。

　　当时，那些外星人显然是准备前往内华达试验场登陆，然后乘坐我们安排的大巴去洛斯阿拉莫斯国家实验室，但他们意外提前降落在金曼附近，我们这才派出了坦克拖车。那辆坦克救援车上的起重机能轻松地吊起飞碟，并将其装载到拖车上。不过，他们担心飞碟碟盘的直径太大，可能无法顺利通过城市街道。他们想把飞碟倾斜放置，却发现这根本办不到。因此，根据备忘录的内容，"最终，他们决定派军用车辆设置路障，采用'整体平移'的方式来运送"。通过这种方法，他们将外星飞船运送到了内华达试验场。

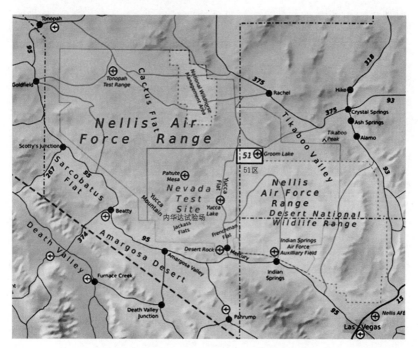

内华达试验场所在地，请注意它与51区仅一墙之隔

试验场的科学家们对再次进入飞船的问题感到十分头疼。而且，他们发现飞船里不断传出一种"嗡嗡"的低鸣声，这让他们难以集中注意力。由于他们无法进入飞船内部，所以也不知道究竟是何原因导致的。之后的半年时间里，他们对那艘飞船的研究毫无进展。因此，当洛斯阿拉莫斯国家实验室的4个埃本人提出想回到飞船上时，军方当即决定将他们带到内华达试验场。

当时，有位个头最高的外星人和太空医学工程师已经能用一种简单的方式交流了。四位外星人进入飞碟没几分钟，"嗡嗡"声就消失了，而后，那位高个子外星人出来请太空医学工程师跟他一起进入飞船内部。这一举动得到了批准。

备忘录写道："一段时间后，他们都从飞船里出来了。那位工程师看起来状况良好，且面带微笑。"自那以后，埃本人的需求都得到了极力满足。军方同意给他们在试验场靠近飞船的地方设立安置点，而且对他们提出的需要额外物资、设备和资料的请求也一一满足。从那时起，人类与外星人的合作踏上了新的台阶，同时，这也推动了逆向工程计划的正式实施。这大约发生在1953年11月。

为了重现外星飞船在金曼附近着陆后发生的一系列事件，我们将两个版本的故事放到了一起，这时，一切就再清楚不过了，为不明飞行物调查员们精心设计的那出戏码显然是安排在那4个活着的外星人被送到洛斯阿拉莫斯之后。斯坦希尔看见的那具埃本人尸体很可能是之前在洛斯阿拉莫斯国家实验室低温保存的10具埃本人尸体之一。为了上演那出故意误导15名调查员的戏码，它才被带到了现场，临时用干冰保存。呵！好一出由美国空军"临时剧团"倾情奉献的精彩剧目！

欲知更多详情，请参阅附录10中美国工程师比尔·乌豪斯（Bill Uhouse）的个人陈述。他曾参与复制了金曼基地的飞碟，而且还制造了一台飞碟模拟器来训练我们的飞行员。

第六章　肯尼迪总统　　　　　　　　　　Chapter 6

　　许多年前，伟大的英国探险家乔治·马洛里（George Mallory）在珠穆朗玛峰遇难前，有人问他为什么要攀登珠峰，他说："因为山在那里。"是啊，我们要登上太空，因为宇宙在那里，月球和其他星球在那里，知识与和平的新希望也在那里。所以，在我们启航之际，我们祈求上帝保佑，让我们顺利走完这趟人类有史以来最危险却又最伟大的冒险之旅。

——约翰·F. 肯尼迪在莱斯大学的演讲

1962年9月12日

　　肯尼迪总统在执政的第一年就见证了一系列震惊世界的大事件。其中最轰动的莫过于1961年4月12日苏联航天员尤里·加加林（Yuri Gagarin）搭乘的"东方一号"（Vostok-1）飞船成功进入地心轨道飞行（见附图7）。尽管加加林在太空中只停留了108分钟，而且只绕地飞行了一圈，但这对美国来说犹如当头一棒，因为我们当时连太空的边都摸不到，哪怕我们的宇航局团队中有韦恩赫尔·冯·布劳恩[1]（Wernher von Braun）。

那件事深深触动了肯尼迪。8天后，他给时任国家太空委员会主席的副总统林登·贝恩斯·约翰逊（Lyndon B. Johnson）发送了一份备忘录，问道："我们是否有机会打败苏联？比如在太空建立实验室，或者环绕月球飞行，或者发射火箭登月，又或者发射载人火箭登月并成功返航？还有别的什么太空计划能让我们出奇制胜吗？"肯尼迪一门心思致力于他的"新边疆政策"，而太空就是他的"新边疆"，登上太空成了他的首要任务，他可不愿意屈居苏联之后。

约翰逊收到那份备忘录是在美国入侵古巴的"猪湾事件"（Bay of Pigs）惨败后的第三天，可见肯尼迪对这一议题有多么重视。而且就在前一天，入侵古巴的美国雇佣军中有多名成员被卡斯特罗政权处决，所以人们难免会觉得肯尼迪当时满脑子想的都是要"上天"。

我们现在从包括第一夫人杰奎琳·肯尼迪（Jacqueline Kennedy）在内的多方渠道得知，"猪湾事件"惨败给肯尼迪带来了多么沉痛的打击。然而，仅仅一个月之后，也就是1961年5月25日，他在美国国会联席会议上发表了著名的登月演讲，再一次展示了他对美国在太空竞赛中取得胜利的坚定承诺。冯·布劳恩应副总统约翰逊的要求做出分析称，肯尼迪坚信我们可以在10年内把人类送上月球。冯·布劳恩在4月29日回应副总统约翰逊的质询时说："我们有绝佳的机会击败苏联，成为人类历史上首个登陆月球的国家（当然也包括能顺利返航）……我认为我们可以在1967或1968年实现这个目标，包括制定出一套全面的应急方案。"

---

[1] 韦恩赫尔·冯·布劳恩（1912—1977），出生于德国东普鲁士维尔西茨，德国火箭专家，曾是纳粹德国V2火箭的总设计师。

在他的备忘录里，冯·布劳恩还讨论了资助发展核火箭的问题，认为这是征服月球探索太空的长期目标。之后，肯尼迪在国会演说中要求批准研发"漫游者"核火箭。他说："未来的某一天，我们有望通过这种方式对太空进行更令人振奋和雄心勃勃的探索，也许会走到月球之外，甚至可能会触及太阳系的尽头。"

国情局的介入

20世纪60年代初，各种情报机构之间的"地盘之争"异常激烈。在国情局成立之前，其他情报机构对自己的情报来源和收集的情报信息高度保密，都想独揽话语权和影响力。1947年，杜鲁门成立了MJ-12组织、中情局和国家安全委员会（NSC）。而且，在1952年离任前不久，杜鲁门还成立了国家安全局（NSA，简称"国安局"），隶属于美国国防部。

等到1961年1月肯尼迪总统上台时，各家情报机构早已划清山头，且痛恨对方干涉自家事务的行为。此外，各军种也有自己的情报部门。成立于1882年的海军情报局（ONI）在情报界拥有极高的声誉与极大的权势，在那10年间，它的风头压过了尚且稚嫩的中情局和联邦调查局（FBI）。

情报分散化管理让这一大堆"缩写字母"背后的工作变得更加错综复杂。机密情报由五花八门的机构和组织中不同的层级所控制。因此，即便是两个组织的高级雇员，也不可能知道对方手里掌握的情报。所有的情报只有到了MJ-12的层面才有交集，正是这个超级绝密又触不可及的组织在幕后操纵一切。

位于华盛顿特区的国情局总部

国情局徽章

　　1961年中期，中情局将"猪湾事件"中的失败归咎于肯尼迪，因为他拒绝派出空中支援。尽管参与此次突袭行动的中情局"走卒们"[①]也对此表达了不满，但最直言不讳地提出该指控的当属时任中情局副

---

① 原文是"foot soldier"，字面意思是"步兵"，现多引申指组织中职位低但责任重的群众员工或基层员工。

局长的美国空军上将查尔斯·卡贝尔（Charles Cabell）。而另一方面，肯尼迪也指责中情局搞砸了这场行动，而后将中情局的元老局长艾伦·杜勒斯（Allen Dulles）连同副局长卡贝尔一并解雇，并承诺要把中情局"大卸千块"。

这导致了中情局对肯尼迪赤裸裸的仇恨，且很可能是促使肯尼迪在1961年10月成立国情局的主要原因。在某种程度上，肯尼迪希望通过合并各家军事情报机构的方式来消除这些竞争对手。但考虑到他与中情局之间的矛盾，现在回过头看，他似乎想让国情局逐步取代中情局。

具有讽刺意味的是，事情的结果完全违背了他的初衷——当时又引发了新一轮的情报机构之争。不过，中情局似乎没那么容易被撤销。正如约翰·埃德加·胡佛① (J. Edgar Hoover) 的说法，他们"连每一具尸体被埋在哪儿都一清二楚"。

鉴于这些情报机构之间如此激烈的竞争，我们可以断定：国情局从其他情报机构得到的任何有关其成立前发生的事件的情报，都很可能只是他们被迫提供的。因此，几乎可以肯定的是，国情局在1947年至1961年期间收集到的有关外星人活动的任何情报都是不完整且不可靠的，甚至可能包括虚假信息。

因此，对于国情局的特工们而言，MJ-12是他们主要的情报来源。可以说，如果那些情报机构为了维持情报分散化管理而决意隐瞒他们手头上的信息，或者与彼此分享对肯尼迪的偏见，那么国情局将对真实情况一无所知，而只能在1962年从零开始做起。事实似乎正是如此。

---

① 约翰·埃德加·胡佛（1895—1972），美国联邦调查局第一任局长，任职长达48年。

肯尼迪的指示

匿名者告诉我们，安排埃本人再访的6个月后，肯尼迪总统正式下令批准埃本交流计划。这大约发生在1962年9月。这就意味着MJ-12应该是在那个时候向他简要介绍了赛泊星球和洛斯阿拉莫斯国家实验室之间的沟通历史。

正如我们从前文得知的，这项交流计划最早是在1952年由Ebe1发送给赛泊星球的第五条消息中提出的，促成计划的除了那位埃本人的军方看守的敦促，从根本上说，最重要的还是艾森豪威尔总统的授意，所以肯尼迪并非这一想法的提出者。事实上，他或许是被MJ-12说服才开始推动这项议程的，这也解释了国情局是如何参与到这次行动当中的。

毫无疑问，肯尼迪自然希望让这个由他和罗伯特·麦克纳马拉牢牢掌控的新情报机构来接管如此重大而又危险的行动。同时，我们也完全可以理解为什么尽管他早在一年前就解雇了前局长艾伦·杜勒斯和前副局长查尔斯·卡贝尔，他仍然选择绕开"猪湾事件"中的"老对头"中情局，自己掌握主动权。

但其中或许还有一个至关重要的潜在原因。有证据表明，肯尼迪对中情局的不信任是根深蒂固的——他们并不服务于任何一届政府，而是遵循着一套独立的议程。尽管他们也接受国会的监督，但他们拥有十分开阔的国际视野，而且手头掌握着无数绝密情报，这让他们有足够的实力去做任何他们想做的事。由于国情局是一个由肯尼迪一手打造的新机构，所以总统完全能决定这项关于太空旅行的非凡计划不会受制于那套独立的议程，并最终造福于有权知道真相的美国民众。

不过，从他当时掌握的信息来看，肯尼迪似乎认为埃本人是一些潜在的敌人，所以国情局的介入自然是情理之中的事了。毕竟，国情局的职责就是刺探敌方情报，无论他们是地球人还是外星人。而且，肯尼迪最终同意这项交流计划，很有可能也是因为国情局建议尽可能多地了解埃本人的武器和动机。

倘若肯尼迪对埃本人的不信任是真实存在的，这将进一步证明，他对1953年的金曼"坠毁"事件，以及之后发生在艾森豪威尔执政时期的与埃本人的沟通均一无所知。这也解释了为什么国情局不知道这些信息，且匿名者在2005年揭露赛泊计划内幕时也没有提及这些。国情局方面对整个故事的了解始于赛泊探险队1963年的培训，当时国情局才成立两年，而且显然是麦克纳马拉和肯尼迪安排他们介入这场行动的，所以他们的档案中才只有这些记录。

如果这个推断是正确的，那么想必肯尼迪已经被引导去相信我们与埃本人之间的全部互动仅限于那次再访和那项交流计划（如今由国情局控制），可事实上，埃本人已经有代表在洛斯阿拉莫斯、51区和内华达试验场帮助我们逆向开发他们的飞船，而这一切由中情局、空军特别调查处（Air Force Office of Special Investigation）、海军情报局，可能还有国安局控制。

看来，MJ-12很有可能迫于压力而遵从了军方和中情局的意愿，不让国情局染指该交流计划，因为他们知道，一旦肯尼迪掌握了那些信息，他必然会让"他的"情报机构插上一脚，接管这个已经运作了9年的项目，从而把简单的事情复杂化。由此，美国开启了连总统都无权插手部分绝密档案的时代。

从这个先例来看，MJ-12控制了所有与外星人之间的互动，而只向总统透露了他们认为有必要告知的信息。艾森豪威尔总统是最后一位充分了解我们与外星人打过的所有交道的总统，但我们有理由相信，即便是他也不可能知道所有的事。

因此，尽管匿名者在2005年披露的赛泊计划内幕中没有提及"金曼事件"，但它实际上是整个故事中很重要的一环，因为它充分解释了为什么美国空军会毫不犹豫地派出12名美国人去一个遥远星球待上10年。他们之所以笃定行动会成功，是因为1962年肯尼迪总统下令批准该交流计划时，军方已经秘密和地球上的埃本人打了9年交道，其间我们利用逆向工程复制他们的反重力飞碟，所以中情局和国安局在1962年已经掌握了大量关于埃本人的情报。

我们完全了解了他们的历史和性格，且与他们的星球建立了基本的外交关系。此外，我们确信他们没有恶意，因为他们不仅把一架反重力飞碟作为礼物送给我们，还派出埃本科学家帮我们实施那项逆向工程计划。如果没有这9年的直接接触，仅仅依赖一些不牢靠的星际通信就把那些宇航员派到38光年之外的星球，这种做法实在太过冒险，甚至可以说鲁莽。

鉴于此，中情局和国安局甘心情愿让肯尼迪和国情局接管这项交流计划，哪怕会冒点儿风险也在所不惜，因为首先，要与埃本人建立稳定的星际外交关系，前往他们的星球似乎是下一个合乎逻辑的步骤。而他们也深知，肯尼迪永远无法将如此伟大的太空胜利归功于自己，也无法在公众面前炫耀这次任务的成功，因为等到宇航员们返航时（预计在1975年），他早就卸任了。

或许，从这点上也可以解释为何宇航员前往赛泊星执行任务的时间会拉得如此之长。看来这是经过了精心的策划，考虑到了肯尼迪在他们返航前已经从总统职位退休，甚至考虑到他可能连任两届。肯尼迪被牢牢套住了，另外，他对赛泊计划的缄默至关重要。一旦这个计划被公之于众，很可能就会打开整个"潘多拉魔盒"，届时我们和埃本人有关逆向工程的全部秘密将被公开。

他们知道肯尼迪有多么渴望在太空方面取得成绩，所以认为他肯定会同意这项交流计划；他们也知道他不得不在整个过程中保持沉默，因为这项计划可能会以灾难性的失败告终，如果人们知道是他派遣宇航员去的赛泊星，这种结局自然就成了他执政时的遗留问题。

人们会说，是他判断失误才酿成的大错，因为他竟然在缺乏必要情报的情况下让那12个美国人冒着生命危险踏上如此异想天开且危机重重的旅程——由于中情局和国安局事先都没有向他透露那些情报，他自然无从得知。肯尼迪对他们在"金曼事件"后9年间的秘密毫不知情，可凭借着一股对开辟太空新边疆的热情，他甘于走上这趟对他来说风险极高的旅途。

就这样，MJ-12得到了他们想要的一切：他们得到一位缺乏经验但热衷于航天旅行的新总统的批准来执行一项星际交流计划；而且由于他们并没有把全部信息告诉那位总统，所以他认为这是一次非常危险的行动，而一旦这12名宇航员再也无法返回地球，他的政治生涯无疑将遭受灾难性的打击，就这样，他们又成功地让他闭紧嘴巴。

他们自认为把肯尼迪总统拿捏得死死的，可是他们算漏了一件事，肯尼迪让国情局接管这个行动，就确保了整件事最终一定会被揭露。他笃定这个机构从骨子里认同他所提倡的政府公开透明政策——肯尼迪一贯强烈反对秘密社团和政府保密工作①。他知道，也许不是在他的有生之年，但终有一天，公众必定会知晓这趟人类奔赴外星系的传奇之旅，从而开始了解我们在整个银河系中的位置。这一切在他死后的第42年实现了。

欲知更多有关国情局的内容，请参阅附录8。

---

① 1961年4月27日，肯尼迪总统对美国报纸出版商协会（American Newspaper Publishers Association）发表讲话时说："在一个自由开放的社会，'保密'这个词本身就是令人厌恶的。我们作为一个民族，不论是从本质上还是从历史上讲，都应该极力反对秘密社团、秘密宣誓和秘密事件。我们很久以前就明白了一个道理：过度和无根据地隐瞒事实真相远比为其辩护要危险得多。"——原书注

"水晶骑士计划"

    本书的这一部分大量借鉴了赛泊探险队指挥官的日记，我们也称呼他为"102"。我们非常幸运地从他的笔下了解这段神奇之旅。这本日记记录的远不止一些简单的信息和观察，我们还能读到他的焦虑、担忧和所思所想。当读到"我梦见了地球"，并听他描述起他在科罗拉多的家时，我们心中不由得泛起了一阵同情，对于这个自愿前往离地球386万亿千米之外的勇士，我们很难想象他在旅途中经历了些什么。我们变成了他所见所闻的旁观者，同时还能了解到他对这场冒险之旅的真实想法。对此，我们必须郑重感谢那位匿名者，是他拿到日记后不辞辛苦地将内容逐字录入电脑，并发送到赛泊网站上。在给网站管理员维克托·马丁内斯发送这些日记时，匿名者写了如下请求作为开场白：

    附呈给您的"不明飞行物话题清单"论坛的是4页

探险队指挥官日记。整本日记非常厚，都是手写的。我花了几天时间才把这4页内容整理出来。全部是从指挥官的真实日记中逐字摘抄的。内容从出发那天早晨开始写起。探险队的管理人员都用代号称呼，而且探险队的每位成员都有一个三位数编码的代号[如上所示]。有些特定事物也用了代码和缩写来表示，但日记中没有给出解释。

　　我原样打出了每个单词、短语和缩写，没有任何改动。同样，我也希望您不要对这些内容进行任何篡改、调整或纠正。因为您之前常常会修改我邮件中的语法错误，或者用大写字母对某些地方做出强调，但是，维克托先生，请您不要对这些日记内容这样做。

匿名者在向马丁内斯提出这一请求的同时，也向他传达了一条重要信息，即指挥官的措辞必须原封不动地呈现出来，哪怕里面有拼写或语法错误，甚至前言不搭后语，也必须原样保留。他深知，这本日记必须"原原本本"地交给子孙后代。他知道，总有一天，全世界的小学生都会在他们的历史书上看到这些文字，他们会和那位指挥官共同见证这些事件的发生，并透过他的眼睛来观察这一切！因此，对于日记摘抄部分，我们尽量保持其高度的真实性，力求与赛泊网站上的内容完全一致。在日记中，有部分因粗心大意或是时间仓促而忽视语法规则的文字，我们希望广大读者能多多包涵。在某些确实有必要解释的情况下，我用方括号补充了正确的内容。但我很有信心，这位指挥官的意图在任何情况下都简单易懂。

你对102了解得越多，你就会越佩服他。在勇敢地穿越银河系之后，他必须带领他的探险队挺过一场为期13年的生存大考验。他们必须忍受酷热天气、奇怪的食物、两个太阳的持续暴晒、过度暴露在辐射之中，以及几乎没有娱乐活动的日子。同时，他还必须执行任务，尽可能多地了解这个外星文明。他有时的表现很像电影《星际迷航》(*Star Trek*)里的柯克舰长，比如他曾对外星人医生对他死去队友的遗体进行克隆实验提出坚决抗议。有意思的是，探险队登陆赛泊星的时间就在1966年柯克舰长第一次登上电视荧屏后的那几个月，可见虚构与现实偶尔也会出现惊人的巧合。

第七章　遴选与集训　

肯尼迪总统对埃本交流计划作出了正式指示。外星人的登陆日期定在了1964年4月24日，登陆点在霍洛曼空军基地的西部边境，靠近新墨西哥州白沙导弹靶场的南部入口。这原本只是一次外交访问，在此期间，外星人可以将新墨西哥州两起坠毁事件中的9名遇难者的遗体，连同Ebe1的遗体一并带回。但肯尼迪总统决定趁着这次外交活动敲定交流计划。这一请求被传达给了埃本人的母星，并在1962年9月前后得到他们的首肯。

如前文所述，交流计划的想法最初是由Ebe1在1952年的第五条信息中提出的。在他收到的回复中，埃本人同意再次访问地球，但没有提到交流计划，他们建议的再访时间是10年后的一天。洛斯阿拉莫斯的军方管理层最初认为这个答复肯定是Ebe1翻译错了，可他们还没来得及纠正这个错误，Ebe1就去世了，所以这个日期（1962年）就一直保留了下来。直到1955年，人类与埃本人之间建立联系后，才重新确定了1964年这个新日期。这个新日期实际上是Ebe1收到回信后的第12年。如今，到了1962年，双方的通信已经大大改善，肯尼迪意识到此时提出交流计划或许能得到他们的批准，而事实的确如此。

他们同意我们派遣12名美国宇航员前往那个外星球，同时也会安排一位埃本人大使留在地球，为期10年。更改计划登陆外星球的日期势必会大费周章，因为这就意味着政府高层只有大约18个月的时间来挑选这批外交使团成员，并对他们进行集训。

对于这样一个史无前例的复杂项目来说，这个时间非常紧张。光是选拔人员随随便便就得花上半年时间。虽然肯尼迪总统把整个项目交给了国情局负责，但这并不妨碍动用民间代理机构。不过，他们迅速决定由美国空军牵头，负责选拔出12名志愿者来完成这项历史使命。

空军请了一些民间顾问来帮忙挑选人员和制订计划。有意思的是，自1958年10月1日开始运营的宇航局却没有参与这项任务。根据1958年7月29日颁布的《美国国家航空暨太空法案》(*National Aeronautics and Space Act*)，宇航局将被设立为负责太空探索的官方政府机构，而且他们已经完全兼并了国家航空咨询委员会（NACA），所以掌握了时间跨度达46年的太空研究历史资料。他们的参与无疑有助于加快项目的策划与准备。然而，宇航局的章程规定，他们只能参与非军事太空任务，所以，哪怕国情局可以自由与民间机构合作，宇航局也不能参与国情局的项目。不过，正如后文将提到的，宇航局还是参与了这支队伍的培训工作。

伟大的冒险

军民联合遴选委员会就选拔探险队成员的标准争执了数月，浪费了许多宝贵时间。最终，他们决定，所有的候选人都必须是军人，但可以是来自除空军外的其他军种。而且探险队成员中不允许出现平民，所有人都必须是职业军人，且必须已经服役至少4年。

这一要求十分合理。要知道，探险队成员在执行这项任务时将会面临巨大的困难，他们只有靠着极强的自制力和团队纪律才能应付挑战。此外，正如前文中提到的，肯尼迪和国情局并不完全确定他们会不会受到埃本人的威胁，所以他们希望这些人具备自我保护的能力，在必要时甚至还能通过武力强行返回地球。

委员会将根据任务所需寻找一些具备特殊技能的人，而且他们还得接受过其他必要技能的综合训练。此外，他们希望挑选出的每位队员在必要时都能够顶替另一位队员承担职责。

探险队成员必须未婚。想来，这一要求并不排除那些以前结过婚的人，但不能有孩子，那些是孤儿的人会得到优先考虑。他们的目标是选择家庭纽带尽可能少的候选人。这显然是考虑到家庭成员可能会通过某种方式得知这个计划，从而向公众透露他们对其安全方面的担忧。此外，委员会似乎对探险队返回地球的可能性并不乐观，所以他们想让尽可能少的人对此感到悲伤。换言之，他们认为这可能是一次自杀式任务。

这12个人的命运将完全掌握在另一个遥远星系星球的文明手中，对此我们的政府鞭长莫及，几乎没有任何办法来保障他们的安全。如果他们全部牺牲，我们无法得知那是不是意外，而我们也不能对那个在我们照管下的埃本人打击报复，因为我们并不想激怒一个拥有入侵地球技术的外星种族！这是一种微妙的平衡，但鉴于我们与埃本人之间足够多的交流经验，我们深信，探险队有合理的机会生存下来，并安全返航。

总的来说，我们已经卸下了对埃本人的防备，但这毕竟是人类首次被送往地球轨道之外的太空。这是一次伟大的冒险，而且似乎是科幻小说中才会发生的事。但这个险值得冒。如果他们最终全员安全返航，或者哪怕只有几个人回来，我们都将得到这个遥远星球文明的详细资料，这如同为我们打开了一扇宇宙之窗，引我们探索其不可估量的价值。

各种军事刊物上都刊登了那则志愿者招募启事。经过数月挑选，12名队员（10名男性，2名女性）终于确定了，其中8人来自空军，陆军和海军各2人，另外还选了4名替补队员。他们将接受和主力队员相同的训练，以便在某个主力队员被淘汰或退出时顶上。这16名精英是最有可能成功完成任务的人。

关于队员选拔，以下引用的信息来自一名声称曾在军情六处（英国情报机构）工作并参与过该计划的英国人。这部分内容被发布在赛泊网站上后，匿名者并未对其提出质疑。

登出的招募广告邀请任何有兴趣自愿参与太空计划的人士申请。这个通告属于半机密性质，佯称美国空军正在组建一个特别登月小组，而且成员必须经过特殊训练和特殊的选拔流程。所有报名参加该项目的军人都不知道真正的任务是什么。总共约有500人申请，最终缩减到160人左右。但有一个问题。申请人中缺少一些完成此次任务所需的专门人才。另外，他们还要求每位成员必须是单身，从未有过婚史，无子女，如果可能的话，最好是孤儿。美国空军还得再去招募两名医生和其他几名专门人才。

"洗羊"

遴选委员会决定完全抹除所有队员的身份信息，并给每人分配一个三位数字作为新身份。除去与任务相关人员的联络，他们想切断这些人在地球上的一切纽带，这就意味着他们其他任何可追踪的个人信息都必须完全抹去。因此，他们都经历了"洗羊"的过程。

根据道格拉斯·沃勒[1]（Douglas Waller）于2003年2月3日在《时代》杂志上发表的《中情局之秘密部队》（"The CIA's Secret Army"）一文，"如果一名士兵被派去执行一项高度机密的任务，他的个人信息将会被更改，佯装成他从军队辞职，或者干脆给他安一个平民身份，这个过程被称为'洗羊'，由剪羊毛前给羊用药水洗澡得名。"这个比喻似乎略有不妥。事实上，这一过程倒更像是"剪羊毛"，而非"给羊洗澡"，因为他们的身份信息就像羊毛一样被统统剪掉了。

有人提出可以佯称他们全部"死亡"，但这个建议经讨论后被枪毙了。最终，军方决定在官方记录中将他们标记为"失踪"。这个决定显得非常奇怪，因为通常只有在战争期间，成千上万的士兵在"行动中下落不明"时，才会被标记为"失踪"。1963年，越南战争[2]尚未打响，所以不知道军方是如何解释在和平时期这12个人的"失踪"的。毕竟，现役军人突然脱岗渎职，怎么可能不被贴上逃兵的标签呢？

更奇怪的是，军方居然决定要么销毁他们的兵役记录，要么把那些文件秘密存档。这就意味着谁也调查不出他们曾在军队服役，也就永远不会有人怀疑他们"失踪"的背后另有真相了。他们其他所有记录也要被一一收集起来并销毁，或存放在保险库中，包括像什么美国联邦税务局（IRS）的纳税申报单、医疗记录和其他任何能证明他们身份的文件。这几乎是一项不可能完成的任务，因为即便是军方也可能无法获取一些文件，譬如出生证、学籍档案、社会保障卡等。

可究竟为何要如此严格地抹掉他们的身份呢？这一点确实令人费解。或许，委员会想要极力避免这些探险队成员在未来返回地球、回

---

[1] 道格拉斯·沃勒（1949— ），美国著名记者、作家、战史专家，曾任《时代》杂志和《新闻周刊》杂志记者。

[2] 第二次世界大战后南越人民为了反抗美国干涉和国内独裁，在北方的支持下同美国和南越傀儡政权的战争，最终以美国失败和越南统一告终。

归平民生活后将这段经历写进文章或书中。其实，仅仅保密宣誓这一项就应该能达到这个目的，但不怕一万，就怕万一。销毁了他们的身份文件，军方将来就能轻轻松松地否认那些内容的真实性。他们希望将那些太空旅行者的全部档案妥善锁藏，直到他们决定公开的那一天为止。在当时，出于安全考虑，这种做法或许有它的合理之处，但现在回过头看，让这12名勇敢的太空先驱隐姓埋名，永远留在黑暗的历史殿堂中，实在太不像话了。最终定下的探险队成员及其新身份（三位数代号）如下表所示：

探险队指挥官	102
探险队助理指挥官	203
飞行员#1	225
飞行员#2	308
语言学家#1	420
语言学家#2	475
生物学家	518
科学家#1	633
科学家#2	661
医生#1	700
医生#2	754
安全员	899

匿名者在其中一封电子邮件中回答了网站上一些有关赛泊计划的问题。其中一个就是关于人员选拔的。他提供了一些额外信息。以下是那个问题和他的回答：

问：另一个问题是关于探险队成员的组成。为什么只挑选了两位女性？

答：在组建这支12人探险队时，每个人的身份信息都必须从军事体系中完全抹去，而且他们不能有家庭束缚，不能有配偶，也不能有孩子，可想而知，这对选拔小组而言是多么巨大的挑战。选拔小组从有限的部队人员中挑出了最杰出的探险队候选成员。经过初步筛选，他们留下了158人，而最终的12个人就是从中层层选拔出来的。要知道，这些人通过了一系列的心理测试、体能测试和其他各方面的考核，无疑是那158人中条件最好的。至于为什么只选择了两位女性，他们没有留下任何理由。显而易见，这两位女性在各自的专业领域中是最拔尖的——她们一位是医生，另一位是语言学家。

"农场"

这次任务的主训练场在弗吉尼亚州威廉斯堡附近的皮尔里营（Camp Peary），毗邻约克河。这是中情局不太隐秘的一处训练场地，通常被称为"农场"（The Farm），但其官方名字为"武装部队实验训练活动基地"（AFETA）。赛泊探险队在这个较大的基地中得到了一块单独的训练场地——尽管中情局的安保体系已经足够严密，但这能让他们进一步提升项目的安保系数。因此，要想进入探险队的训练场就必须通过两道关卡。

皮尔里营是这支队伍的主训练场地，此外，他们还在得克萨斯州威奇托福尔斯市的谢帕德空军基地、南达科他州拉皮特城外的埃尔斯沃斯空军基地和缅因州班格尔的陶氏空军基地（Dow Air Force Base）接受训练。另外，他们在佛罗里达州巴拿马城附近的廷德尔空军基地完成了高空宇航员训练。据匿名者透露，他们还被送到了墨西哥和智利的几处不明地点接受特殊训练。

选择皮尔里营作为这些空军宇航员的训练场地十分合理，最主要的原因就是这里全封闭管理，且极度安全。皮尔里营只是名义上属于美国海军的军事基地，实则受美国国防部指挥。之所以叫皮尔里营，是为了纪念1909年第一个到达北极的著名海军探险家罗伯特·埃迪温·皮尔里（Robert E. Peary）少将。

赛泊计划的策划者看中的就是这里的全封闭式管理。他们不希望探险队与外界有任何联系，以免队员们在无意中对外留下关于本次行动的蛛丝马迹。皮尔里营内建有舒适的房屋和公寓，还有各种娱乐设施和商店，因此队员们很容易适应这里的生活。由于这里之前是弗吉尼亚州的森林和狩猎保护区，所以闲暇之余，营地的居民们还能在这片占地约37平方千米、树木繁茂的保护区内尽情享受狩猎的乐趣。

从其建成至今，安全、封闭的管理一直是皮尔里营最大的特色。第二次世界大战期间，这里曾作为海军陆战队的主训练营，后又被用来关押德国战俘，主要是一些德军军官，外界认为他们已经战死沙场，但实际上他们被美国海军救走了。由于德国最高指挥部认为他们已经阵亡，因此并未担心过有人会泄密。这些囚犯在接受审讯期间可以在皮尔里营安全地享受正常生活，最终，他们大部分都加入了美国国籍。1946年，美国海军将这块基地归还给了弗吉尼亚州，后又于1951年重新征用。

回溯中情局在"农场"训练的目的，是要让那些常年坐在办公桌前的情报人员掌握必备的准军事行动技能，以便将来在敌方领土上开展工作。在这里，那些热衷于学术的书呆子被生生"打磨"成了半个铁血战士。鉴于中情局的特别行动小组（SOG）在国外的准军事行动中长期失利，这种詹姆斯·邦德突击队式的训练在"9·11"事件后由小布什总统重新推上历史舞台。

沃勒在《时代》杂志发表的文章中写道："直到最近，中情局才开始爱惜自己的羽毛，为了挽回名声，他们努力尝试消除之前一些拙劣行径，比如海外夺权行动和暗杀首脑事件带来的不良影响——直到大约

1943年，在皮尔里营参训的海军修建营成员

5年前（1998年），它才开始专心收集所有可以被政府各部门使用的情报。在那之前，传统的中情局官员通常利用美国外交官的身份伪装自己，暗地里通过大使馆的鸡尾酒会，或者贿赂外国官员获得秘密情报。他们中大多数人甚至没有接受过正规的武器训练。"

如今，据沃勒称，"在皮尔里营地，中情局特别行动小组的新兵们也在打磨他们的准军事技能，比如使用各种武器进行精准射击、在偏远地区为己方飞机设立着陆区，以及组建小部队攻打敌人巢穴"。中情局局长乔治·特尼特曾提出重新打造一个特别行动小组，并要求从2001年开始对皮尔里营的设施和军事能力进行改造。20世纪60年代中期，他们吸取了1961年"猪湾事件"的惨痛教训后，皮尔里营的条件有所改善。但在1963年至1965年赛泊探险队训练期间，那里的设施依然十分落后。

密闭空间

匿名者提供了赛泊探险队的具体培训内容（请参阅附录1），他说这些信息是从一个叫吉恩的同事那里得到的。管理员维克托·马丁内斯透露了吉恩的姓氏——罗斯克夫斯基[1]。匿名者告诉我们，罗斯克夫斯基之所以分享这些具体的培训安排，是因为他希望用更多细节来充实那些披露的信息。这项训练计划雄心勃勃地打算在半年内全部完成，但我们从另一封发给赛泊网站的匿名邮件中得知，训练计划实际上持续了大约8个月。

训练强度非常之大。据匿名者所述，"每位队员都必须证明自己能吃苦，并接受一连串的心理测试、医疗检查和'乐观性测试'（Positive Attitude Test，简称PAT，是对飞行员和特种部队队员的一项军事测试）……每位队员都必须经受近乎残酷的心理和体能训练。

在一次训练测试中，每位队员都被锁进一个1.5米×2.1米的箱子里，埋在地下2米多深的地方长达5天，其间只给他们食物和水，不允许他们与任何人接触，他们全程置身于黑暗之中"[见附录1第14条]。当然，任何有幽闭恐惧症倾向的候选人都提前被淘汰出局了，否则对于任何有这种倾向的人来说，这种折磨无疑会让他们精神崩溃，而留下来的人都无一例外地通过了这项测试。

设置这项幽闭恐惧压力测试显然是合情合理的，因为他们需要熬过那段待在狭窄的外星飞船内前往泽塔网状星系的漫长旅途。更何况，还不知道他们到了赛泊星以后会住在什么样的地方呢！

---

[1] 我们后来了解到他的真名是吉恩·拉克斯。——原书注

两名女队员

赛泊网站上有一个匿名留言版块，欢迎任何对"水晶骑士计划"有直接了解但不愿透露姓名的人留言。各种电子邮件纷至沓来，证实了匿名者提供的关于这趟非凡旅程的所有基本细节。就皮尔里营的训练而言，以下这封邮件基本上证实了匿名者的说法。邮件作者写道：

> 本人曾于1960年至1965年期间以平民身份参与了"水晶骑士计划"。当时，我受雇于中情局，我的特长是在陌生环境中绝地求生。我在弗吉尼亚州的中情局特训营里担任训练指导员。我对那12名参加该计划的队员（清一色的男性，没有一位女性）进行培训。他们在我们的训练中心待了大概8个月时间。几乎没人知道他们的具体任务是什么，那项行动为绝密级，代号"绝密字码"。从1965年开始我再也没有接触过这项行动。时隔这么多年，这项秘密行动终于大白于天下，实在令我太震惊了。

这封邮件中"没有一位女性"的说法与匿名者声称探险队中有两名女性的说法相矛盾。双方都有其他的证据作为支撑，所以这个问题仍然存在争议。有可能的情况是，这12名受训人员中有10名原始队员，而剩下两名则是男性候补成员。这一矛盾在以下邮件中得以澄清：

> 我刚刚读到的赛泊项目相关信息并不完全准确。最初挑选出的16名参训队员中有两名女性。我协助训练了这支探险队，其中包括那两名女性，但在最后一项选拔中（选拔内容并不是赛泊网站上提到的作战训练）这两名女性被淘汰了。培训期间，队员们并不知道他们的真实任务是什么。经过最后一轮淘汰，剩下的12个人被送往一所军事监狱，然后才被告知这项任务。从那时起，

他们就被隔离了。这12人的信息从政府人员名单中被剔除，并被单独存放在国情局为他们设立的专项档案中。国情局是这次行动——"水晶骑士计划"的管理部门。

然而，下面这封电子邮件再次引发了争议。

感谢你们将这段非常重要的美国历史公之于众。我十分享受阅读这些内容，还把它们分享给了我许多旧日的情报员朋友，他们也知道这件事！这个故事太不可思议了，而且一切都是真实发生的。我猜大家对于是否有两位女性参加行动仍有争议，但我很肯定，至少有一名（女性）参加了。因为我在担任那场行动的训练指导员时，认识了其中6个人。其中两人是护士，一人是语言学家，至于其他几人的身份我现在也记不太清了。

逃回地球

如前几章所述，我们拥有至少一艘完整的埃本飞船。匿名者说，1947年7月4日，那架在新墨西哥州的圣奥古斯丁平原上坠毁的飞碟在与另一架飞碟相撞后，跌跌撞撞地继续西行，最终落在达蒂尔附近，可直到1949年才被人们发现。罗斯威尔事件的其他目击者们对于这架飞碟的具体发现日期说法不一，但所有人都声称这架飞碟几乎没有损坏。它随后被送往赖特-帕特森基地，由埃里克·王博士负责的外国技术部进行分析和逆向工程研究。在科罗纳坠毁的飞碟受损严重，也被送到了赖特-帕特森，当时还没有51区。不过，在51区成立后，两架飞碟都被送去了那里。我们从匿名者那儿了解到，赛泊探险队的培训计划还考虑了一种可能的紧急逃生应急情况！他说：

几名被选中的队员（飞行员）接受了驾驶埃本飞船的训练，其中一艘训练用的飞船就是1949年在新墨西哥州西部寻获的那艘。训练目的是让这几位队员能够在紧急情况下驾驶飞船返回地球。这支队伍中有4名飞行员[102、203、225和308]。这4个人在内华达试验场花了好几周时间来学习驾驶那艘寻回的埃本外星飞船。只要懂得操作飞船的控制装置，驾驶飞船并不难。我敢肯定，在1964—1965年期间，许多出现在西方的不明飞行物其实都是我们探险队队员试飞的飞船。

在提到圣奥古斯丁的那艘飞船时，匿名者暗示我们拥有不止一艘可飞行的埃本飞船。另一艘想必是1953年5月21日埃本人在亚利桑那州金曼"交付"给我们的飞碟，当时军方还用坦克拖车把它一路拖到了内华达试验场（见第五章和附图8）。这其实指的就是51区，因为当时它已经开始全面运营了。如今，51区已经成为对寻回的外星飞船进行逆向工程研究和飞行测试的主要基地[①]。

认为我们的飞行员能够驾驶一艘外星飞船从38光年外的泽塔网状星系飞回地球的这种天真的想法完全是由当时对某些科学原理缺乏认知导致的。显然，在1964年，军工联合体里还没有人能想到只有通过虫洞的时间旅行才能穿越如此遥远的距离。在那个年代，人类飞行员似乎不太可能理解这种技术。即便是在两年后的1966年首次公映的《星际迷航》中，也没有提到"时间旅行"的概念，只提到了"翘曲飞行[②]"（Warp Drive）。直到1977年《星球大战》（*Star Wars*）的问世，"超时空"这一

---

① 参阅附录10和罗伯特·拉扎尔（Robert Lazar）及其他人的证词。20世纪80年代，拉扎尔曾在51区参与对外星飞船的逆向工程研究（参见http://www.8newsnow.com/story/3369879/bob-lazar-the-man-behindarea-51）。——原书注

② 翘曲飞行也叫"埃尔库比飞行"（Alcubierre Drive），是一种假想的超光速飞行，通过时空塌陷来完成。

说法 (基本类似"时间域") 才开始流行起来。

更何况，我们拥有的埃本飞碟只是些小型侦察机而已，它们根本无法进行长距离星际飞行。但由于在赛泊探险队训练时期我们还没见过更大的飞船，所以也就不难理解为何会出现这种错误判断了。

廷德尔集训

另一份电子邮件证实了两件事，其一是队员们在佛罗里达州廷德尔空军基地参加集训，其二是最终的探险队成员中没有女性。显然，廷德尔集训是在确定了最终的12名成员之后进行的。

我父亲于1995年去世，之前，他是从美国空军退休的。1990年，他告诉我他曾在1965年参与过一项特殊任务。他说在那次任务中，有12名军事宇航员搭乘一艘在新墨西哥州沙漠发现的宇宙飞船前往另一个星球。他提到，这12个人曾在廷德尔空军基地集训，而他当时就驻扎在那里。他协助训练了这12个人的太空耐力，这是他的特长。他说，这群人在1965年升空，并于1978年返回地球，他后来还对这些重返地球的宇航员进行了检查。我当时不知道该不该相信我父亲说的这些事，在那个时候，我还以为这只是他随口编出来的瞎话，直到现在，我才意识到他讲的都是事实。现在让我父亲知道这件事已经太晚了，但我知道了父亲对我是诚实的，这让我感觉很好。这封邮件描述了这12个人的最后一次集训，所以我有理由相信这支队伍完全由男性组成。

廷德尔空军基地最初是第二次世界大战期间的一个空中射击训练基地，驻扎着盟军和美国的飞行员。好莱坞影星克拉克·盖博（Clark

Gable）是该基地最知名的毕业生，他曾于1943年从该基地毕业。"二战"结束后，廷德尔空军基地成为一个常规空中武器训练场，并在1950年正式成为空中训练指挥基地。1957年，它并入了负责保卫美国大陆及领土的防空司令部（Air Defense Command）。1964年，当赛泊探险队到达时，那里已经在训练高空和太空作战的飞行员了。四年后，防空司令部正式更名为"航空航天防御司令部"（Aerospace Defense Command）。

在廷德尔空军基地接受高空训练

正如上文那位教官所述，"培训期间，队员们并不知道他们的真实任务是什么。经过最后一轮淘汰，剩下的12个人被送到一所军事监狱，然后才被告知这项任务"。可以想象这些队员了解真相后会有什么样的反应！尽管他们在某些训练中似乎也猜到这项任务肯定不一般，但他们做梦也想不到居然会是这样的任务！

　　而后，这些经历了重重考验的队员又被送进了堪萨斯州的莱文沃斯堡监狱（Fort Leavenworth），这对他们来说无疑是雪上加霜。当然，军方这样做是为了激发队员们全部的自尊心和英雄主义情怀，让他们觉得荣耀可期，从而更好地执行这次任务。但他们肯定被吓得浑身直发抖！

　　他们心里清楚，所谓的"荣耀可期"只是军方给他们画的大饼，而在前方等待他们的注定是重重苦难，说不定还会在遥远的星球上默默无闻地死去，或者遭到长期监禁，以防他们泄露这一切。因此，探险队中有位队员"请求退出"也就不足为奇了。然而，当这位队员被告知他必须在莱文沃斯堡待上10年，等其他队员返回地球后才能离开时，他立马改变了主意。

堪萨斯州的莱文沃斯堡

第八章 着陆

1963年12月，洛斯阿拉莫斯国家实验室收到一条来自赛泊星球的消息，消息确认了先前商议好的登陆时间和地点。所有的数字都是依照我们地球上的规程来表示的。消息称，两艘埃本宇宙飞船已经出发，并将按时抵达。我们后来了解到，这段旅途耗时约10个月，这就意味着在我们收到消息时，埃本宇宙飞船已经离开赛泊星球差不多半年时间了。

当时，肯尼迪总统在几周前刚刚遇刺身亡，整个国家都沉浸在悲痛中。国情局的几位项目协调员甚至一度想取消这项交流计划。当时，该计划的命运交到了林登·贝恩斯·约翰逊总统手中。他听取了策划者的简报后，决定继续执行这个项目，不过，匿名者在旁注中告诉我们，约翰逊总统其实并不相信会发生这样的事情。

这里很有意思的一点是，肯尼迪总统显然没有将"水晶骑士计划"告知当时的副总统约翰逊。但这一点着实让人感到惊讶，要知道，约翰逊是肯尼迪亲自任命的太空委员会负责人。很明显，肯尼迪听取了MJ-12的建议，没有将有关该计划的信息与约翰逊或总统内阁分享。

随着登陆日期的临近，早已做好准备的队员们无事可忙，正好利用这段时间喘口气，享受休闲活动，但他们自始至终都处于监视之下。

他们在集训结束后获得了15天的假期。在4月的登陆之日到来前，他们又被送回了堪萨斯州的莱文沃斯堡，并被关进美国军人惩戒所（U.S. Disciplinary Barracks）的牢房，受到严密的监视。

这体现了计划委员会对保密达到了近乎狂热的地步。他们可不愿意有关近期任务的信息有一丁点儿的对外透露。在这样卓越而伟大的历史性时刻前夕，这支即将登陆外星球的探险队却被当作罪犯来对待，可想而知他们会有多沮丧！如果是在另一个时代，在一个不那么偏执的政府统治下，他们可能会伴着爱国音乐的旋律，在全场观众的欢呼声中隆重启航，并且向全球同步直播盛况。

外交会晤

1964年4月24日下午，两艘外星飞船如期驶入我们的大气层。它们比一般的侦察飞船要大得多，属于穿梭型飞船。第一艘飞船错过了会合点，最终在新墨西哥州的索科罗附近着陆，距离计划着陆点以北大约160千米。我们向那艘飞船发送了消息，告诉它降落在了错误的地点。第二艘飞船也收到了这条消息，便及时调整了航向。不久，它便降落在白沙导弹靶场的指定地点，那里有一群人在迎接他们的到来。

不难猜测，当时应该是傍晚或者晚上，就像电影《第三类接触》中所展示的那样。不过由于我们不知道史蒂文·斯皮尔伯格导演从哪里获得的信息，所以我们也不知道电影内容的准确性有多高。但极有可能的情况是，外星人的飞船着陆时夜幕已经降临，想必策划委员会已经准备好了适当的应急照明，就像电影里那样。我们不知道第一艘飞船后来发生了什么，它很有可能也飞到了正确的着陆点。

位于新墨西哥州的白沙导弹靶场

　　欢迎团由16名政府和军方的高级官员组成。匿名者没有透露这些人的身份信息，但约翰逊总统很有可能不在其中。赛泊探险队的12名队员在附近的一辆大巴上等候。重达45吨的物资和设备也已经到位，随时准备运上那艘外星飞船①。飞船登陆点和等候的官员们之间由一个带遮棚的通道连接。埃本人代表团下了飞船后，走进了那个通道。电影摄像机和磁带录音机都在不停地摄录着。

　　埃本人官员向我们赠送了一些技术礼物。匿名者说："埃本人有非常简陋的翻译器，看起来像某种带数码显示屏的麦克风。他们把一台

---

① 附录2中列出了赛泊探险队携带的所有物资和设备清单。我们后来了解到，全部货物被置在一个用木头搭建的巨型台子上。——原书注

翻译器交给美国政府的高级官员，自己也拿着一台。官员们对着翻译器讲话，屏幕上便出现了语音信息的文本内容，以埃本语和英语双语显示。但翻译得非常粗糙，而且晦涩难懂。"现场还有一位代号为Ebe2的外星人在提供即时口译。这是一位女埃本人，能讲一口流利英语，她后来为赛泊探险队提供了非常宝贵的帮助。

《黄皮书》

《黄皮书》（*Yellow Book*）是Ebe2给我们的。这是埃本人送给地球人民的一份非凡而慷慨的礼物，它清楚地表明了外星人想成为我们银河系朋友的愿望。关于这本《黄皮书》，匿名者是这样说的：

> 这其实并不是一本真正意义上的书，而是一个约6厘米厚的透明块状物体。当你看着这个透明体表面时，文字和图片会突然浮现出来，包括无数关于我们的宇宙和赛泊星球的历史档案和照片，以及对许多在宇宙中发生的奇闻逸事的记录，甚至还记载了远古时期地球上发生的各种故事……我是亲眼见过这本《黄皮书》的极少数人之一……有人说，读完它需要一辈子的时间，而理解它还需要另一辈子的时间。

《黄皮书》还记录了埃本人对地球上人类文明的演变所造成的影响。显然，正如我们后来所了解到的，书中对这方面的描述存在一些有争议的说法，难免让读到这些信息的人质疑材料的真实性，而这些说法的背后很可能隐藏着某种秘密的外交行动。关于这个问题，匿名者是这样说的：

　　如果你认真阅读《黄皮书》，领会字里行间的言外之意，你将会清晰地察觉到埃本人和耶稣·基督之间有着千丝万缕的联系，或者，耶稣很可能就是一位埃本人。此外，如果你再仔细阅读《黄皮书》里记录的一些事件（记住，《黄皮书》里没有标明任何日期），你会将地球上的一些事件（比如法蒂玛事件[①]）与埃本人的登陆联系起来。

　　我们后来知道，《黄皮书》是由Ebe2翻译成英文的。

　　埃本人告诉我们，他们重新考虑了交流计划的时间，并希望将其推后。他们这次只想把死去同胞的尸体带回，等1965年7月来地球时再执行交流计划。这对我们的后勤来说是个大问题，因为所有的设备和物资都必须找个地方存放，同时，我们还必须保持队员们的积极性，并让他们在高度安全的地方再待一年。而且，一旦约翰逊政府决定取消该计划，就有可能产生政治影响，从而改变我们继续实施该计划的意愿。埃本人把两次罗斯威尔事件中遇难的9位同胞的尸体和Ebe1的尸体带上了飞船。我们已对其中几具尸体进行了尸检[②]。此前，那些尸体被保存在洛斯阿拉莫斯国家实验室最先进的低温冷冻设备中。本次访问持续了大约4个小时，全程的录音及录像都被保存在华盛顿特区波林空军基地的一个保险库中。

---

① 1917年5月13日，葡萄牙法蒂玛小镇上，三名儿童称在放牧时遇见一位周身发光的漂亮夫人，她要求他们三个在接下来每个月的13日来见她，人们都看不见那位夫人，所以都不相信，但是孩子们顶着压力履行自己的诺言，并告诉人们会有一个奇迹出现。在10月13日那天，七万人目睹了太阳在天空中盘旋、发光、坠落，而后又回到天上。

② 在2006年电台节目《覆盖全美》（Coast to Coast）的一次采访中，记者琳达·莫尔顿·豪（Linda Moulton Howe）公开了她对一名男性的电话采访录音，该男子称自己在20世纪40年代末从一名医生手中拿到其对两具外星人尸体进行解剖的第一手资料。——原书注

交流计划

下一次的访问时间定在了1965年7月16日。双方同意将这次的着陆点选在内华达试验场的北部（见附图9）。关于地点的选择，匿名者说："策划者不想用与上次相同的位置，以免走漏风声。"由此可见，安全问题始终是他们考虑的重中之重。

队员们被送回莱文沃斯堡监狱，在那里待了一个月后，又被送到皮尔里营继续原来的训练，并学习一些新技能。这让他们所有人，尤其是那位语言学家，有机会提高对埃本语的理解和会话能力。语言学家们现在能把这种如尖声歌唱般的语言说得还算不错，但其他队员仍在为学会这种怪异的语言苦苦挣扎。

与之前在皮尔里营一样，12名队员被集中隔离在中情局训练场中一个属于他们自己的社区里，除了教官，他们不与任何人交流。当时正值越南战争的第一年，中情局特别行动小组在那场战争中发挥了重要作用，所以当赛泊探险队进驻皮尔里营时，那里一定非常繁忙。

1965年4月，他们再次被"关押"进了莱文沃斯堡监狱，等待最后的3个月。这次，他们一定开始觉得自己成了真正的囚犯，而且心里可能在想，到底是出于什么奇怪的政治担忧让他们受到如此残酷的对待？尽管启程日期临近所带来的兴奋与期待也许有助于抵消他们的沮丧，但此时探险队的士气想必已经降到了历史最低点。

1965年7月16日，两艘埃本穿梭飞船准时来到地球。这一次他们按照计划准确降落在内华达试验场。他们在上次来访的时候，外交礼仪的各种细节都考虑得非常周到，而这次只是一次纯粹的工作会谈。与以前一样，12名队员在一辆大巴上等候，军用货车也做好了卸货准备，其中包括重达45吨的物资和设备，还有车辆（见附录2）。我认为我们可以大胆猜测，洛斯阿拉莫斯国家实验室在这一年中与赛泊星球进行过充分交流，从而完善了这些安排，但匿名者没有提到这一点。

队员们登上了埃本穿梭飞船，货物也在军方的安排下运上了飞船。

三辆如图中所示的越战时期的M151轻型吉普被运上飞船

探险队准备登船（《第三类接触》电影剧照）

我们后来发现，所有物资刚好装满这艘三层飞船中的一层！可想而知飞船有多大。一位埃本大使独自走下飞船，被一辆军车接走。他随即被送到了洛斯阿拉莫斯国家实验室的外星人中心。

"空中之王"启程

不难理解，虽然赛泊项目策划者要求队员们用三位数代号称呼彼此，但他们并不打算让这一严格规定影响他们的职位级别。他们很快又给每位成员取了合适的昵称，但从不使用真名。然而，他们在较为正式的场合与书面交流中还是会使用数字代号。探险队指挥官是一位空军上校，大家称呼他为"船长"（Skipper），两位医生为"医生1号"（Doc 1）和"医生2号"（Doc 2），两名飞行员则被称为"空中之王"（Sky King）和"闪电侠"（Flash Gordon）。但匿名者没有公布其他队员的昵称。

20世纪50年代《空中之王》
的电视剧版海报

2006年3月，有人在赛泊网站上发表了一条有意思的评论，让整个赛泊事件变得更加真实。他提醒我们，在广播的黄金时代，《空中之王》《独行侠》（*The Lone Ranger*）和《青蜂侠》（*The Green Hornet*），等等，都是非常受欢迎的儿童广播剧。《空中之王》于1946年首度在电台播出，这一播就是8年，而后又制作成电视剧版本于1951年至1959年在电视上播出。后来这部剧每周六下午重播，一直持续到1966年。所以，赛泊探险队于1965年7月启程时，这部剧仍在电视上播出。

那位留言者说："时至今日，大多数人要么从未听说过《空中之王》，要么早就忘了这部剧。不过，在1965年，称呼一位年轻飞行员为'空中之王'也不是什么稀罕事。"如果执行赛泊任务的飞行员在出发时年纪在35岁上下，那么他在上世纪50年代就刚好处于容易受外界影响的青春期，而且很有可能也看过这部电视剧。如果他们出发时年纪是40岁，那么他在40年代很可能像其他成千上万的孩子一样，躺在家里的客厅地毯上，捧着收音机收听《空中之王》的广播。不知道当年的他们有没有畅想过，有一天自己竟然会成为第一批登上太空前往另一个遥远星系的地球人呢？

赛泊探险队指挥官从执行任务的第一刻起就开始写日记，匿名者为我们提供了那本日记第一天的内容。

在以下留给子孙后代的日记中，"船长"准确记录了这次历史性任务中第一个惊魂时刻。虽然匿名者并没有向我们解释日记中各种字母缩写的意思，但我们很肯定所有字母缩写中的"M"都代表着"Mission"（赛泊任务）。比如，"MTC"的意思可能是"Mission Training Coordinator"（赛泊任务培训协调员），而"MVC"可能是"Mission Voyage Coordinator"（赛泊任务航行协调员）——我们后来发现这位航行协调员的英语说得不太好，而且整个行动中都与埃本人的大部队待在一起，所以他肯定是一位埃本人。

我们出发了

第一天（1）

一切就绪。这一天终于到来，想想可真不容易。队员们信心满满，沉着冷静。培训协调员和MTB做最后的情况汇报。货物运上了外星人飞船，枪支似乎有点儿问题，待与航行协调员沟通。武器由899[安全员]和203[探险队助理指挥官]全权负责。没有步话机，或者我们也不知道有没有。一切进展顺利。

登上飞船前，700和754[医生]会对每位队员进行最后检查。好了，我们把所有东西都装载完毕了，位置刚刚好。不过，等到了会合点，我们还得把它们转移到更大的飞船上。这一切太让人激动了，大家也没有了任何顾虑。培训协调员让全体队员做出最后决定，队员们都说出发，我们便出发了。这艘外星飞船内部十分宽敞，一共有3层，与我们之前训练用的那艘飞船不同。我想，那艘应该是侦察飞船，而这艘是穿梭飞船。

我们把货物放在了最底层。我们将坐在中间层，其他队员坐在顶层。舱壁的样子很奇怪，看起来像立体的。飞船里有3张工作台，每张台子可以坐4个人。里面没有座椅，只有长椅，因为我们坐不下那种狭小的船员座椅。航行协调员说我们不需要什么特殊装备，也不用氧气或头盔。不知道能不能行。

好吧，最后检查一遍。培训协调员汇报检查完毕，做祷告。475[语言学家]看起来非常紧张，700会照看他。舱门关闭了，没有窗户。我们看不到外面。大家各自在长椅上落座。没有安全带之类的。噢……对，有根杆子挡在我们前面。飞船开始启动发动机，他们称之为助推器。我们好像起飞了，但飞船里面没什么变化，我还能继续写下这些文字。现在真的感觉晕乎乎的了，102[原文如此]坐在我旁边，他已经昏过去了。我也快支撑不住了。这些得重写才行，因为我现在脑子里一团糟。

　　日记中，指挥官写的是，"我们把所有东西都装载完毕了，位置刚刚好"，可实际上，装载货物的工作应该是由空军地勤完成的，因为要这支训练有素的探险队来做如此繁重的苦力活——把重达45吨的设备和物资装上飞船似乎不太合适。不过，从他们迄今为止接受的训练来看，这件事也未必是不可能完成的任务。事实上，当时的情况很有可能就是这样，因为地勤人员必须获得非常高的安全许可。日记里"做祷告"的说法似乎与电影《第三类接触》中牧师在教堂里向队伍做最后祷告的场景吻合，电影中，牧师称那些队员为"朝圣者"。此外，指挥官说，"我还能继续写下这些文字"，由此可见，当时的日记内容是他手写的，但我们后来了解到，其他队员的日记都是用语音记录在磁带上的。最后，指挥官也改用了这种语音的方式来记录。

第九章　赛泊之旅　　　　　　　　　　　Chapter 9

　　匿名者在第11封和第12封电子邮件中，将探险队指挥官日记中对整个赛泊之旅的记录逐字逐句地誊写了出来。因此，我们掌握了赛泊探险队从启程到登陆赛泊星期间的全部细节。本章穿插了一些作者评论，带我们穿越到38光年外，直观地了解这趟非凡的星际之旅。这段旅途耗时仅10个月，这意味着他们的航行速度是光速的40倍！这种速度是任何人类已知的推进设备都达不到的，唯一的解释就只有时间旅行。我们从阿尔伯特·爱因斯坦和赫尔曼·闵可夫斯基[①] (Hermann Minkowski) 的著作中得知，时间是空间的第四维度，所以我们现在必须先谈"时空连续统"的概念。时间维度有时也被称为"时间域"。

　　埃本人显然已经开发出了在时间域旅行的技术，而且在宇宙中的已知点上必定存在通往时间域的入口。这些入口现在被人们称为"虫洞"（见附图10）。穿越一个可穿越的虫洞就相当于穿越时间，速度比光速更快。然而，穿越虫洞需要时间和精确的恒星导航，这就解释了

[①]　赫尔曼·闵可夫斯基 (1864—1909)，德国数学家，犹太人，四维时空理论的创立者，曾经是爱因斯坦的老师。

那10个月时间。探险队指挥官在日记中显然也提到了穿越虫洞的事，他写道："一旦飞船离开他[外星人]所说的'时间波'，我们就都会感觉好一些……周围很暗，但我们依稀能看见波浪线，这或许是时间扭曲的结果。我们前进的速度肯定比光速快，但窗外什么也看不见。"

在当时（1965年），指挥官居然会考虑到他们的航行速度比光速快，这实在太不可思议了，因为根据爱因斯坦的理论，这在科学上是绝对不可能发生的事情。如今，科幻作家和科学家对超光速现象都不再陌生了。要想了解更多关于埃本飞船推进装置的信息，请参阅附录6。该部分内容来自国情局的一位物理学家对赛泊网站上两个相关问题的回应。

尖叫比赛

在日记中记录第一天的第二部分，探险队指挥官描述了他们抵达会合飞船（从现在起，我将称它为"母船"）的情形，以及这趟星际之旅真正的开端。"母船"是一个非常恰当的称呼，因为我们后来知道它上面还运载了多艘小型飞船。

第一天（2）

我们到了会合飞船上。我们完全不知道这是哪儿，一路上大家似乎都晕过去了，要么也是头昏脑涨。我的手表显示大约过了6个小时，但可能不止。我们是13:25出发的，现在是19:39，但不确定是哪一天。我们飞进了一艘巨大的飞船里。我们站在一个类似港湾的地方，有许多外星人在帮助我们，他们似乎知道我们都晕头转向的。卸货的场面非常壮观，货物不是一件件卸下来的，而是随着装载平台的移动一次全部卸下。飞船看起来像一栋巨大的建筑物的内部，天花板大约有30米高。

嗯，我们正在被转移到飞船的另一部分，嗯，我们到了另一间舱室或区域。这船真大！大到我无法形容。我们花了大约15分钟才走到我们的区域。看来这里是专门为我们准备的，椅子也更大了，但只有10把。嗯，我猜203和我会坐到这些椅子上空的另一个地方。

我们搭乘了一种类似电梯的设备，但我不懂它是如何运作的。大家都饿了，我们背包里装了些C-口粮①，我想我们现在差不多可以吃了，但还是得问问航行协调员的意见。我找不到他，也没办法和这里的两位外星人沟通。他们看起来都非常友好。420[语言学家]尝试使用他所学的语言技能。实在太好笑了，这听起来就像一场尖叫比赛。

我们用手语表示我们想吃东西，其中一位外星人给我们拿来一个容器，里面装了点儿东西。虽然品相不怎么样，但我想那应该是他们的食物，看起来黏糊糊的，像燕麦粥。899率先尝试，嗯……899说味道像纸。我想我们还是吃C-口粮吧。好吧，航行协调员终于露面了。他说两分后我们就出发，我想他的意思应该是两分钟，但不确定。出发前吃东西似乎不是个明智的选择。此刻，我们没有感觉到失重，头也不晕了，但不知道后面会发生什么。他们在示意我们必须在椅子上坐好。

我们从这里了解到，埃本人显然已经开发出了一种反重力技术来抵消大质量物体的重量，从而把它们轻松推到另一个位置上。至于他

---

① 一种罐装预制的湿式口粮，最早由美国陆军使用。此外还有A-口粮（新鲜食物）、B-口粮（包装好的非熟食）、D-口粮（军用巧克力）和K-口粮（应急口粮）。

们怎能如此轻松、迅速地把重达45吨的物资和设备从穿梭飞船上转移到母船上，这里并没有做出解释。日记中说，"卸货的场面非常壮观"，而且货物并没有一件件从平台上卸下来，那就说明装载平台是可以整体移动的。指挥官竟没有对此表示惊叹，这可真叫人意外！而且能容纳3辆吉普车、10辆摩托车、6台拖拉机、8台发电机和其他许多设备的平台必定巨大无比。

我们在前一章指挥官日记中记录第一天的第一部分的内容中了解到，货物是由赛泊队员们自己或地勤人员装载到埃本穿梭飞船上的。在那一部分内容中，指挥官写道："好了，我们把所有东西都装载完毕了，位置刚刚好。不过，等到了会合点，我们还得把它们转移到更大的飞船上……我们把货物放在了最底层。"由此可见，赛泊探险队似乎把所有的物资、设备和车辆直接装载到了埃本穿梭飞船首层的可移动平台上。由于所有货物都放置在同一个平台上，所以埃本人能直接将这个平台转移到母船上。

船长日记彻底解开了一切关于埃及金字塔、史前巨石阵和其他所有大型古代巨石考古遗址的建造之谜（见附图11）。假如埃本人拥有这种失重技术，那我们完全有理由认为这是整个银河系中普遍使用的技术，而且古代的宇航员也知道。

那么问题来了：我们知不知道这个秘密呢？如果答案是肯定的，那我们可能从1965年起就掌握了这种技术。你一定想象不到，拥有这种技术对我们地球上的工业意味着什么。吊车肯定就用不上了，建造摩天大楼的时间也可以缩短一半。建筑材料可以在几分钟之内漂浮到每一层楼。说不定，我们还会有飘浮在空中的城市和乡镇。公路也不需要修建了，因为车辆可以在街道上空穿梭。如果这些信息已经被掩藏在美国空军的保险库中，那么我们就可以开始畅想，在这些秘密被揭露之后，我们整个社会、技术和工业会发生怎样翻天覆地的变化。

晕头转向

正如指挥官第二天的日记里所描述的，赛泊探险队在旅途的第一阶段倍感不适。

第二天

我不确定我们在容器中待了多久。我们坐在椅子上，外面罩着透明容器，我们各自隔离在一个透明气泡或球体中。我们可以呼吸，也能看到外面，但真的感到头晕目眩、思绪混乱。我想我应该是睡着了，要么是晕过去了。我想这应该是第二天了，但我的手表显示我们只坐了1小时，但我想，应该已经过了一天吧。我们的计时器都在背包里，背包被放在这个房间的另一个区域。我们还在这些球体里面，但似乎感觉好些了。嗯，899应该是找到办法出去了，因为他站了起来，他打开了我的球形罩。我们不知道该不该离开这东西。899说，有个外星人进来看了我们一眼就走了。其他队员都在睡觉，899和我在房间里走动。我找到了计时器，看来的确已经过了24小时了。房间里没有窗户。之前，我们被告知会在路上耗费270天地球时间。好了，外星人进来了，指了指椅子，我想我们得回去坐好了。

我梦见了地球

接下来的日记里没有标明日期，但看内容似乎是指挥官有关第二天的另一段记录，因为里面补充了许多在母船上第一天旅行的细节。但当时，飞船已经走了很远的距离。指挥官显然已经迷糊到了一定地步，他没有意识到自己已经写过关于第一天的旅行内容了，所以大部分内容都是重复的，且有些地方和之前记录的有很大出入。他显然忘记了自己前一天写过的东西。在这部分内容中，我们了解到有人失踪了。

探险队指挥官梦见了他在科罗拉多的家

我梦见了地球。还梦见了科罗拉多州、落基山脉、积雪和我的家人们。梦里的一切都那么真实，仿佛我真的置身其中。在这艘外星飞船里，我并不担心自己的处境。后来，我醒了，整个人思绪混乱、头晕目眩。此刻，我待在一个像碗一样的玻璃罩里，嗯，这东西看起来的确像一只碗。我不记得是怎么来到这儿的了。我的第一反应是找我的队员。我推了推这个玻璃罩的顶部，推开了。我听见接缝或密封处传出一阵"嘶嘶"声。我环顾四周，发现我在一个房间里，不记得这是什么房间了。大家都待在这样的玻璃罩里，其他队员都在睡觉。当我准备爬出去时，发现双腿疼得厉害，但我还是爬了出去，走到每一个玻璃罩前，检查里面的队员。我发现我们只剩下11个人。有人不见了。是谁？我的思绪很混乱，也很口渴，我找不到水壶了。我们带了几只水壶，可我一只也找不到。我的眼睛开始花了，但我得把这一切都写下来，我得做好记录。我找到了数字……他还活着。谁失踪了[？]

我得逐个检查那些玻璃罩。房间很大。天花板看起来像床垫，房间的墙是软的。除了这些玻璃罩和一些从罩子接到地板上的管子，这个房间里没别的什么东西。我看见每个玻璃罩底部都有灯在闪。天花板上也有明亮的灯光，有点儿像从床垫之类的东西里透出来的。我打不开其他人的玻璃罩。尝试了各种办法都不行，看来得找埃本人帮忙了。我发现了一扇门，但打不开。

试验品

我不记得我们是怎么打开其他门的。我们在这些玻璃罩里待了多久？我好像记不太清了。或许太空旅行会让人思维出现问题。他们在训练时告诉过我们，但以前从来没人到过这么远的太空，我们是试验品。或许我还是应该回到玻璃罩里，或许是我醒得太早了。我的手表显示的时间是18:00，但这是哪年？哪月？哪天？我睡了多久了？

地板看起来是软的，上面布满了纵横交错的电线。我看见房间一角好像有一面电视屏幕。估计是用来监视其他玻璃罩的。我看不懂屏幕上的文字，因为是用埃本语写的。但我能看见屏幕上出现一些线条，也许是在监测健康状况。希望这显示的是大家都呼吸正常，都还活着。但我们少了一个人。我忘了什么吗？有人死了吗？我不记得了。我手上起了一些红疹，有很强的灼热感，也许是被什么东西的辐射灼伤的。我们背包里的辐射监测器呢？

我们的急救包呢？我什么都找不到了。我准备回玻璃罩了，我准备躺下，我要停笔了。

今天几号？

记录

因为我不知道日期，所以就不写是哪一天了，就直接写"记录"好了。我们所有人都病了，头昏眼花，肚子痛。700和754给我们吃了些缓解胃痛的药，但我们还是很不舒服。我们的眼睛似乎没有办法聚焦，也分不清东西南北，连怎么坐下都不会了，这种感觉太糟糕了。吃了药稍微有点儿帮助，我们能吃下点儿东西了。700和754让我们吃带来的东西，喝水，我们照做了，身体也稍稍舒服了些，但双眼还是放花，所以我现在没办法写下去了。

感觉好多了。几个外星人进来了，在房间里拨弄了几下，眼前的一切变得清晰多了，我们也不像之前那么头晕目眩、思维混乱了。我们又吃了东西，喝了水，现在舒服多了。我们走出了球形罩，但在特定时间还是要待在里面。外星人给我们解释了入口面板上方的一串灯代表的意思，有绿灯、红灯和白灯。如果红灯亮，我们就必须进去球形罩里坐着。如果白灯亮，我们就可以自由活动。外星人从来没说过绿灯亮代表什么，或许不是什么好事吧。

还是不知道这是哪一天，只知道时间是23:19。633说，我们的日期记录仪出了点儿故障。他觉得我们已经走了10天了，但不太确定。我们一直被关在这个房间里，我想，这个房间应该是专门为我们准备的，可以保证我们的安全，也许离开这里不是什么明智的选择。这里没有失重的感觉，不知道他们是怎么做到的，但我们走路时还是感觉晕乎乎的，看样子这个房间增压了。耳朵里一直闷闷的。如果接下来的270天都得待在这个房间里，那可太无聊了。实在没什么可干的，我们所有的设备都被收走了。我们身边只有背包，但里面没装几样东西。我们想洗澡，但找不到浴室，这里只有那些让我们上厕所用的容器。那些容器是金属的，体积不大，外星人会不定期地进来把它们倒空。外星人会给我们送吃的，是他们的食物。我们尝过，味道像纸——实在没什么味道，不过那东西也许是专门为太空旅行准备的。700正在吃这种食物，他看起来一切正常，就是有点儿拉肚子。外星人的水看起来很像牛奶，但味道像苹果，奇怪。

反物质推进

记录

我已经很长时间没写过日记了。我们猜测我们已经在飞船上待了25天了，但也有可能少算了5天。我们被禁锢在各自的球形罩中很长一段时间了。我们终于学会了如何打开罩子，因为上厕所的时候必须出来。可一走出来，我们就浑身难受，头晕目眩，思维混乱，有些队友甚至无法行走，这使得我们大小便都有困难。700和754吃了外星人的食物，看起来不像我们这么难受，他们拿了药给我们吃。

外星人进来了，打着一束蓝光照在我们头上，我们立马舒服多了。但[他]指着椅子，我们明白必须回罩子里去了。我们给他看装排泄物的容器，然后又指了指椅子，用疑惑的表情看着他。他明白了我们的意思，走出了房间，回来时他带了几个小的集便器，方便我们带到球形罩里去用。他还给我们拿了几小罐像牛奶一样的液体，示意我们喝掉。随后，我们带着集便器和装着牛奶状液体的罐子回到了球形罩里。我们喝完了那种液体，感觉似乎好点儿了，除了518，他好像还有些难受。外星人告诫我们不要离开罩子。

行至半程

我们现在知道外星飞船大约在行程的中点离开了时间域。队员们现在感觉好多了，可以在飞船上自由活动了，比如到处看看、提些问题之类的。由此可见，队员们只有在穿越时间域的时候才会感到恶心和犯晕。这对宇航局来说是非常重要的信息，可以作为他们未来从地球发射载人航天探测器的参考。当然，我们的生物科学家也会研发一些药物来解决这个问题，"马瑟希尔"牌晕船药或许管用。埃本人在穿越宇宙时似乎采用了非常先进的推进技术。我们从以下的日记内容中了解到，他们也许用到了反物质技术（见附图12）。

记录

我不知道我们这次在球形罩里待了多久，外星人进来了，示意我们出去。我们现在自由走动时不会觉得头昏或恶心了，外星人甚至允许我们离开这个房间。我们沿着一条十分狭窄的过道走了很长一段时间，可能有20来分钟吧。然后我们进入一种类似电梯的装置，我们能感觉到它移动速度很快。出来后，我们来到一个非常大的房间，里面的座位上坐着许多埃本人。这里可能是控制中心，护送我们来的那个外星人示意我们进去。我们看见了许多亮着各种灯的控制面板，房间里有4张工作台，每张台子前坐了6个埃本人。台子是上下排列的。最顶层的工作台只放了一张椅子，上面坐着一位埃本人，我们觉得他肯定是领航员或指挥官。

他好像在忙着操作一个仪表盘。房间里有许多屏幕，上面显示的都是埃本语，还有[一]条条线，有垂直的，也有水平的，应该是某种图表。

我们可以自由走动，埃本人没有干涉我们。633和661[两位科学家]对这一切非常感兴趣，633显得更着迷。这里有一扇窗户，但我们什么也看不见。外面很黑，我们只能看见一些波浪线，可能是某种时间扭曲。我们的飞行速度一定比光速快，窗外什么也看不见。

负物质与正物质

好了，航行协调员终于来了。他用蹩脚的英语解释说，我们的行程已经过半了。一切运转正常，等飞船离开他所说的"时间波"，我们就都会感觉好些。航行协调员说我们可以去飞船上的任何地方，但必须集体行动。他还要教我们操纵移动平台，我们觉得他指的应该是那种像电梯的装置。操作方法似乎很简单，只需要把手悬浮在操作灯之上就行。有红灯和白灯，白灯即移动，红灯即停止。

我们听见一阵打铃的声音，但航行协调员说是宇宙里的声音。行吧！我们可以在飞船里四处走动，但这艘飞船太大了，不知道这么大的船是怎么移动得这么快的，太不可思议了！

633想去看看它的发动机。航行协调员带我们四个去了发动机室，也可能叫别的什么室，里面放着许多巨大的金属容器。容器围成一个圆圈排列，每个容器末端都指向圆圈中心。上面还连着许多很粗的管道，可能是导管。这些容器围着一个铜色线圈，或者看起来像线圈的东西，线圈正上方有一个光源发出亮光，照进线圈中央。我们只听见非常沉闷的"嗡嗡"声,但没有太大的声响。661认为这是一个负物质-正物质系统。

我们知道661是科学家。据他推测,埃本人使用的可能是某种反物质推进装置,这一点很令人吃惊,因为当时即使在保密科学团体中,也没人考虑过这种可能性。不过,这是一支精挑细选出来的队伍,队员们个个都有极高的智商,而且思维超前。现在,我们从罗伯特·拉扎尔(Robert Lazar,他曾在20世纪80年代在51区对外星飞船进行逆向工程研究)那里了解到,外星人利用反物质反应为他们的飞船提供动力,他们用到了一种名为"115号元素"的超重物质,而这种元素在地球上是不存在的。

据推测,这是外星飞船上反物质反应堆的缩小版模型。球形罩下方覆盖着115号元素楔形体。该模型由罗伯特·拉扎尔和肯·赖特(Ken Wright)设计。

自从拉扎尔的新发现问世以来,劳伦斯利弗莫尔国家实验室的科学家与俄罗斯杜布纳①的俄罗斯科学家合作,通过轰击其他更稳定的元

① 俄罗斯著名的科学城,位于俄罗斯莫斯科州,著名的杜布纳联合核子研究所即坐落于此。

素，已经能够创造出115号元素，而且创造出了质量更大的原子——116号元素和118号元素。这些原子都非常不稳定，半衰期短，且有极强的放射性。115号元素后来被科学家们命名为Ununpentium，用符号Uup表示。如今，这些元素都被添加到了元素周期表中。

308之死

以下这段日记显然是指挥官在旅途即将结束时写的。不难看出，他们一路上大部分时间都在睡觉中度过，而且每次醒来后，他们都对之前发生的事情几乎没有任何印象。我们后来了解到308（赛泊探险队的飞行员#2）死于肺栓塞。

我又醒了。房间里有几个埃本人，我的玻璃罩打开了，我的几名队员在四处走动，埃本人在帮助他们。我从我的罩子里爬了出来，那位会讲英语的埃本人（代号为Ebe0）看见了我，我便问他我的队员是否都安然无恙。他不明白"安然无恙"是什么意思。我指着我的队员说，这是第十一个，第十二个在哪儿？Ebe0指着一个空的玻璃罩，说里面的地球人没了生命。好吧，有个人死了。是谁呢？我的队员们在房间里转悠，看起来迷迷糊糊的。我没办法引起他们的注意，他们看起来就像活死人。他们怎么了？我问Ebe0他们出了什么问题，Ebe0回答说，太空病，但很快就会没事。嗯，说得通。我不知道过了多久了。

我们还在飞，但不知道飞多久了。Ebe0拿来了一些液体和一些看着像饼干的东西。液体喝起来像石灰水，饼干没有任何味道。我们都吃干喝净了，几乎立刻就感觉好多了。行吧，整队！我让203召集队员集合，我发现308不见了，他肯定就是那个死掉的队员。

Ebe0回来了，带我去308那里。他躺在一个看着像棺材的罩子里，700和754会对308进行检查。Ebe0提醒我们不要把308抬出来，不明白他为什么这么说。700和754都在这里，我尝试告诉Ebe0，他们是我们的医生，必须对308进行检查，Ebe0说不可以，因为会感染。我猜308号一定得了某种传染病，而且接触他的人也会被传染。但308真的死了吗？不知道。我们决定听从Ebe0的意见。700和754只是往那个罩子里看了看，说看样子308是死了。

其他队员看起来都很正常。这种液体和饼干里一定含有某些能量物质。我们的视力又变清晰了，大脑也能思考了，谁也不记得我们是怎么来到这个房间的，我们所有的随身物品都在这儿。大家都很关心现在的处境，虽然埃本人很友好，但他们没告诉我们太多信息。899在想我们为什么会被关进这个房间，633和661觉得我们应该忙起来，我同意了。

我命令所有人去拿自己的背包和口粮袋，清点里面的物品，看看有没有少东西。这会花上一些时间。我的手表显示现在是04:00，但这是哪一天呢？哪年哪月？不知道。无法衡量时间的感觉实在太奇怪了。我们在这间屋子里，甚至在这艘飞船上都找不到任何参考。等我们拿到被收走的装备后，我会立刻打开我们带的年钟。不知道那些东西被收在了什么地方。

第十章　抵达

指挥官日记记录了抵达赛泊星的情形：

　　Ebe0进来了，告诉我们旅途即将结束。他带我们穿过一条过道，我们走进一个会移动的房间，来到飞船的另一边。出来后我看见一个大房间，里面放着很多像柜子或衣橱之类的东西，看不出到底是什么。我们还被带到一张摆放着食物的大餐桌前，Ebe0说是好吃的，让我们吃。

　　我们面面相觑，700和754说那就开动吧。行吧，我们找来一些盘子，应该是陶瓷盘，很重。我挑了样看着像炖菜的东西，然后又拿了块之前吃过的那种饼干，金属容器里装着饮料，就是我们之前喝过的那种。我们都开动了。炖菜几乎没什么味道，隐约能尝出土豆的味道，也可能是黄瓜，或者是某种植物的茎，还不赖。饼干还是和之前一样的味道，大家都坐下吃东西。我们找到一种很像苹果的东西，但吃起来味道不像苹果。我吃了一个，果肉又甜又软，吃完嘴里还有余香。

　　队员们一脸高兴，有几个还打趣说可惜没冰激凌，好吧，航行协调员也来了，他通过Ebe0和我们交流。他们的语言吵得我耳朵疼，那种忽高忽低的音调听着非常奇怪。Ebe0告诉我们，航行协调员想让我们做好着陆准备[见附图13]。好，我们该怎么做呢？我们得回去玻璃罩房间，进入罩子里。大家都不想这么做，但如果必须这样，那我们也只好照做。我们再次走进那个会移动的房间，回到了玻璃罩房间。我们爬进了玻璃罩。有几位队员先用便盆解手，然后也爬进了罩子。玻璃罩合上了，但我们都醒着，就这样躺在里面，后来我睡着了。

两个太阳

玻璃罩打开了。我的手表显示为11:00，我想这还是同一天。我们爬了出去，Ebe0就在旁边，他告诉我们，飞船已经着陆了。好，我们到了。我们收拾好装备，700提醒我们一下飞船就得带上太阳镜。我们收拾好东西，穿过一条长长的过道，准备进入另一个移动的房间。一分钟后，门打开了，我们来到一个更大的房间，看见了之前被收走的装备，里面还停放着许多小型飞船。

一扇大门打开了，亮光照了进来，我们第一次看见这个星球。我们走下舷梯，有许多埃本人在等待我们。我们看见一个体形高大的埃本人，比之前见过的所有埃本人都要高。他走上前来，开始说话，Ebe0为我们翻译他的欢迎词。我猜这家伙八成是领导人，他的个头要比其他埃本人高出30厘米。领导人说欢迎我们来到这个星球，但他对这个星球的叫法我们没听懂，Ebe0的翻译工作做得不到位。

我们被领着来到一处开阔的场地，看起来像阅兵场，脚下是土地，抬头是蓝天，天空十分明澈。我看见了两个太阳[见附图14]，一个比一个刺眼。这里的风景看起来很像沙漠，类似亚利桑那州或新墨西哥州的那种，看不到一点儿植被。山峦起起伏伏，但上面光秃秃的，全是土，这里一定是这个星球的中心村镇。我们降落在一片开阔地带，周围有像电塔一样的大型建筑，塔顶上好像还放着什么东西。

塔顶的镜子

村子中央有一座巨塔，像是用混凝土建造的，估计有90米高，塔顶好像还安放了一面镜子。村子里所有的建筑都像是用土坯或泥巴造的，有的建筑要大些。在这里，罗盘测不出任何数据，只看到远处耸立着一栋非常高大的建筑。除了飞船上的埃本人，这里所有的埃本人都穿着一样的衣服。现在我看见了几个穿着深蓝色服装的埃本人，与其他埃本人打扮不同。每个埃本人的腰带上都别着一个盒子，所有人都系了腰带。我们没看见一个埃本小孩，或许是他们的小孩都和他们长得一样大。我们的靴子在土地上留下了脚印。环顾一周，我看见了建筑物和荒地，却看不见任何植被。我很好奇，难道他们不种庄稼的吗？真是个奇怪的星球。难以想象我们即将要在这里生活10年，但千里之行始于足下，不记得这话是从哪里听到的，只是突然间想起了这句话。

有意思的是，埃本人把从飞船上卸下的物资和设备分别装运到了16个托盘上。指挥官没看到卸货过程，但埃本人的速度肯定很快，而且很可能是埃本人手动将所有东西转移到托盘上，然后让托盘飘浮到地下存储区的。也许他们在将这些重物搬到托盘上时，有办法让它们失重。赛泊星球看起来十分荒凉，指挥官显然对他所见到的一切不太满意。用他本人的话说就是"真是个奇怪的星球。难以想象我们即将要在这里生活10年"。我们后来了解到，这里其实并不是埃本人的母星，而是他们在原来的母星毁于火山喷发后选择的避难所。

欢迎来到赛泊星球

有许多埃本人在欢迎我们，他们看起来都很友好。突然，我们惊讶地听到居然有埃本人在讲英语。我们环顾四周，看到了那个埃本人。这位埃本人的英语说得非常好，这位埃本人，我们称其为Ebe2，能说一口还算流利的英语，只是字母w的音有些发不出来，但讲得真不错。他说欢迎我们来到赛泊星球，是的，这是星球的名字。Ebe2向我们展示了一种设备，并告诉我们，每个人都必须佩戴它。那东西看着像一台小型晶体管收音机，我们把它别在了腰带上。天气极其炎热，我让633测量一下气温，633说这里有107度①。热烘烘的，我们脱掉上衣外套，只留了一件飞行服。

长得都一样

埃本人纷纷打量着我们，但眼神非常友好，有的埃本人身上披着披肩。我问Ebe2这是何故，Ebe2说因为她们是女性。好吧，我懂了。他们长得都一样，实在难以辨认，只能通过服装来区分。有些埃本人的服装颜色与其他人不同，我问Ebe2这是何故，Ebe2

---

① 原文未标注单位，但应该是华氏度，107华氏度约等于41.6摄氏度。

说这是军服。好吧，那就说得通了。Ebe2带我们来到一排看着像土坯房的棚屋前，一共4间。

屋子背后有个地下室，也是储藏区。它建在地下，我们只能顺着一道斜坡走下去。这里很像我们在地球上存放原子弹的圆顶军事库房。我们所有从飞船上卸下的装备都存放在这儿。我们走了进去，里面空间很大，而且很凉爽，比外头凉爽多了，我们可能得睡在这儿才行。我们全部的家当都在这儿，整整16个托盘的装备。

这间圆顶库房的建筑材料是一种很像水泥的东西，但质地不同，摸起来像软橡胶，但整体还是很硬，地面也是这种材料。天花板上装着灯，像那种聚光灯，而且有电。我们必须找个时间清点一下装备。

我们回到了棚屋，棚屋里比外头要凉快些，但还是很热，我们得整队了。我告诉Ebe2我们需要单独待会儿，整顿一下。Ebe2（我这时才意识到她是一位女性）说没问题，我们可以单独留下。我问308的遗体在哪儿，Ebe2看起来有些疑惑，她好像不知道什么遗体的事。

我把事情解释给她听。只见她双手环抱胸前，垂着脑袋。这一幕非常感人，因为她几乎快要哭出来了。Ebe2告诉我们，那具遗体会给我们送过来的，但她必须先和她的教官商量一下。这个说法令我大为震惊。Ebe2在接受什么人的教导吗？还是说，"教官"这个词在埃本文化中指代的事物和英语世界里的不同？或许这个词在这里指代的是领导人或指挥官？不知道，但Ebe2离开了。我让203通知所有人在地下室集合，我们准备开个团队会议。633提议我们从今天开始计算日子，现在是我们在赛泊星球的第一天，时间是13:00。

赛泊探险队在这里可以使用他们所有的电器用品。他们把插头插进一个密封的黑色盒子后，这些设备就都能正常运作了。据说，队员们还能够使用埃本人开发的设备与地球通信。这种设备用起来基本没有任何障碍，只是有可能必须用埃本语来控制，但这种可能性不大，即便如此，埃本人也会帮他们把信息翻译成英语。不知什么缘故，匿名者从未提及探险队使用这种通信设备的情况。

有趣的是，赛泊星球上虽然有电力，却没有空调！这是埃本科技和文明中诸多的悖论之一。埃本文明既有高度发达的一面，又有原始简单的一面。

被指挥官称为Ebe2且英语讲得很好的女埃本人，显然与翻译《黄皮书》的Ebe2是同一个人，她在1964年4月埃本人首次正式访问地球时把《黄皮书》交给了我们的迎宾团，而且她当时还为双方的会谈做了口译。这两次她都被赋予了相同的名字，这真是天大的巧合，要知道在四月份埃本人来访的欢迎仪式上，赛泊探险队的成员都不在现场，他们当时都在一辆大巴上等候。她听到308遗体时的情绪反应体现了她骨子里是个富有同情心的人，后来赛泊探险队了解到，这其实是埃本民族的普遍特征。正如我们即将看到的，赛泊探险队拿回308遗体事件，竟成为他们早期遇到的首个重大外交事件。在接下来的日记中，我们将看到Ebe2是如何充当赛泊探险队与其他埃本人之间重要的纽带的。

讲地球的书

我们遇到了一个大问题：如何向这个不知道爱因斯坦、开普勒或者我们地球上任何一位当代科学家的外星种族解释我们的科学呢？即使是最简单的算术对他们来说也无比陌生。

Ebe2非常聪明，她似乎不只知道我们的数字1和2，甚至还懂得一些基本的算术规则。我们从基础算术开始入手，2加2，然后慢慢深入，她很快就懂了，而且进步神速，甚至不需要我们的帮助就能继续自学下去。当她念叨1000乘以1000并迅速作答时，我们便意识到她智商极高。我们把滑尺拿给她看，她只花了几分钟就弄明白了，但我猜她应该没有完全理解滑尺上的所有符号。她真了不起！

或许因为我们和她打交道的时间比和其他埃本人长些，我们了解了她的性格。她是个热心肠，这一点很容易就能看出来。她对我们关心备至，甚至会为我们担心。在我们来这儿的第一个晚上，她似乎在尽力确保我们的一切都安排妥当了。她提醒我们注意高温和强光。她说赛泊不像地球，这里没有黑夜。我很好奇她是怎么知道的，她去过地球吗？可能她了解过地球知识吧，说不定这里有讲地球的书。

对了，在第一天晚上，她告诉我们这里会刮一种什么风，当两个太阳落下一个的时候，就会刮大风。另一个太阳不会完全落下，只会低低地悬挂在地平线之上。狂风卷起尘土，吹进我们的棚屋。我们度过了十分艰难的第一晚。虽然我们叫晚上，但在埃本人看来，这只是一天中的某个特定时段。

Ebe3[Ebe2]知道"一天"这个说法，但她并没有把这个时段与地球上的一天对应起来，可能她没去过地球吧。我们那个"晚上"没睡好，埃本人睡觉不像我们那样，他们似乎休息一阵就会醒来，然后继续忙手头上或大或小的事情。我们醒来后，发现Ebe2已经在我们的棚屋外等着了。我打开门，看见了她。她为什么在这儿？她怎么知道我们醒了？这间屋子可能安上了某种监视用的探测器吧。Ebe2让我们跟她去吃饭的地儿。她没用"餐厅"或"饭堂"之类的词，而是说"吃饭的地儿"。

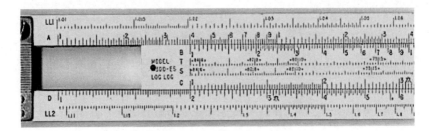

20世纪60年代仍使用的滑尺

赛泊探险队使用滑尺计量这个细节进一步证实了这篇日记的写作年代。在20世纪60年代，几乎所有工程师的腰带上都别着这样的滑尺。然而，自1974年廉价科学计算器问世，它们便沦落到被淘汰的命运。从Ebe2能够迅速理解滑尺的用法及上面含义模糊的符号来看，埃本人的智商应该很高。

指挥官推测Ebe2可能去过地球。在当时，他还不知道Ebe2在1964年4月确实造访过地球，而且他显然对那本《黄皮书》一无所知，否则一定会有人告诉他那就是Ebe2翻译的。难以理解，MJ-12居然向赛泊探险队隐瞒了如此重要的信息。在这种情况下，如此偏执与保密实在过头了。为了这次旅行，赛泊探险队做出了很大的牺牲，而且他们即将在赛泊星球上生活10年，所以理当尽可能多地了解关于这个星球的一切。应该有人告诉他们关于《黄皮书》的事才对。

我们成了外星人

我召集团队后，带他们一起穿过村子。为了行文方便，我将这里称为"村子"。我们走进了一栋高大的房屋，对于身材矮小的埃本人而言，这里就更大了。桌子上摆放着食物，姑且把这里称为"饭堂"吧。埃本人一边吃饭，一边看着我们。他们都不在自己的棚屋里做饭的吗？可能大家都来这儿吃饭吧。

我们走到餐桌前，大部分食物都和我们在飞船上见过吃过的一样，只有几样不同。他们用大碗装着类似水果的东西，那东西的样子非常奇怪。他们还有像白干酪一样的东西，吃进去第一口的味道像酸牛奶，但余味不错。我鼓励队员们都尝一尝，说不定我们会适应这些食物。但700告诉我们每天只吃他们的一顿饭，剩下几顿还是吃我们带来的C-口粮，这样的话，我们的身体就能慢慢适应埃本食物了。

我们坐在一张桌前开动了，那桌子比地球上常规的尺寸要小些。那些埃本人（大概有100人的样子）只顾吃自己的，没有打扰我们。不过，我们时不时发现有埃本人盯着我们看，但在这里，我们才是怪物，他们不是。我们是访客，我们是外星人。我们长得都不一样，可他们却像是一个模子印出来的，他们怎么可能把我们当成他们的一员？根本不可能嘛。我们看着他们，他们也看着我们。

突然，我们看见了一个长相与众不同的埃本人。那个生物的样子非常奇怪，体格巨大，长胳膊长腿，几乎是飘着走路的，不可能是埃本人吧？我们都盯着它看。这个奇怪的生物从我们身旁飘了过去，甚至没看我们一眼。

我找到Ebe2，她正和另外三个埃本人一起吃饭。我走到她身边时，她立马起身，弓着头朝向我。这也许是种礼仪，要记住。我问她刚才我们看见的生物是什么，是不是埃本人中的异类？Ebe2一脸疑惑，她问我什么生物？我用了"生物"这个词。这或许在这里是个侮辱性的词，也有可能她不知道这个词的意思。我指了指屋子另一头的那个东西，她这才明白我的意思。Ebe2说它不是埃本人，而是访客，然后指着我说，就像我一样。

好吧，我懂了，这个星球上也有其他外星球的访客，原来我

148

们并不是这儿唯一的外星人。然后，我问Ebe2那位访客来自什么星球。Ebe2的回答听着像"科尔塔"（CORTA），但不太确定是不是这样写，尽管我让她重复了两遍。好吧，科尔塔星球在哪儿？她把我带到屋子一角，那儿放着一台看着像电视机的设备，有点儿像某种控制台。她伸出手指点了点玻璃屏幕，上面浮现出一些画面[1]。是宇宙吗？反正是我不认识的星系。她指着一个点说这就是科尔塔。好吧，那么地球在哪儿？她又指着另一个点说这是地球。

从这个玻璃屏上的太空图来看，科尔塔星球和地球相隔不远。但我不知道这幅图的比例尺是多少，说不定二者之间隔了10光年（见附图15），但看上去真的很近，我会请我们的科学家来看看。

好吧，我对Ebe2表示感谢，她似乎很高兴。那一刻，她看起来几乎像一位天使，她太善良了！她拍拍我的手，指着我的餐桌问，吃的，好吃吗？我笑着说，是的，饭堂的食物很好吃。她一脸疑惑。我想她应该不知道饭堂是什么。我指着这间屋子说，这就是饭堂，地球上吃饭的地儿。她重复了我的话，饭堂，地球上吃饭的地儿。我笑了笑，走开了。现在，她一定以为地球上所有的餐馆都叫饭堂。

从日记中对这种来自科尔塔星球生物的描述来看，它很像我们今天说的螳螂人（Mantis），因为它的外形与螳螂很相似。许多声称自己曾遭劫持的人说，他们在外星飞船上看到过这些外星人。按照他们的说法，螳螂人是一群非常友好且富有同情心的生物。既然来自其他星

---

[1] 这项技术现在常被电视新闻主播、评论员和气象学家使用。他们经常用手指操控电视监视器上的图像，成为该技术数据统计的一大来源。此外，它在iPad和所有新式平板电脑上也有应用。这种技术很有可能是埃本人帮助我们研发的。——原书注

系的外星人可以自由混迹于埃本人之中，说明赛泊星球是一个星际化星球。在饭堂事件中，我们能看出指挥官和Ebe2之间建立了一种非常亲密、互相信任的关系，而且Ebe2显然成了探险队钦点的翻译、向导兼东道主。

第十一章　适应

探险队指挥官对于登陆赛泊星球第一天的记录仍未结束:

我们回到了棚屋,必须更好地整顿整顿。我们开了个会,大家好像都感觉还不错,我们想知道厕所在哪儿,该去哪儿方便一下呢? Ebe1刚好路过,他仿佛能看穿我们的心思,没准儿他真有这种能力。他告诉指着[原文如此]我们用屋子里的罐子。我们之前都很好奇那罐子是干什么用的,好吧,现在知道了,这玩意儿好像不是太好用,但先将就着用吧。后来我们发现罐子里放了一种化学物质,排泄物会在里面溶解还是什么的,搞不太懂。四间棚屋里各放了一只罐子,现阶段还是能对付一下的。

超级高温

Ebe2[Ebe1]让我们在地上行走。不知道他说的是什么意思,420说可能是让我们四处走走。好吧,我们会的。我开始整队,我和225一组。我想让633和661去看看那个电视玻璃屏上的地图,不知道他们能不能找到科尔塔星球。我让518[生物学家]负责测量气温和观察天气，我知道气温很高，超级高，肯定超过了140度①。754警告我们要做好防护，当心阳光辐射，他说这里的辐射强度非常高。听起来有些不妙。

我想起了内华达州1956年的一次原子弹试验。那次我们遇到了高温天气，而且还得当心原子弹爆炸产生的辐射。如今，我们在一个距离地球38光年的奇怪星球上，面临着辐射和高温的双重考验，但我们还得前去探索，这是我们来这里的原因。我们出发了，475用军事相机拍照，希望胶片[不会]受到辐射影响。我们怎么把照片冲洗出来呢？还是百密一疏了。

我与225一组，我们来到一栋大门敞开的高大建筑前。我们走了进去，发现里面很像教室，但没有一个埃本人在这儿。房间里有一台巨大的显像管电视，占满了整面墙，上面还有一些灯在闪。我们检查了一下，机身很薄，我很好奇它的工作原理是什么。那些管线和电子元件在哪儿呢？可能他们在这个技术领域比我们更先进吧，一定是的。我们在这栋建筑里没找到[或]摸到别的[东西]，我们继续探索。哇，这里也太热了吧！但愿我能尽快适应。

指挥官将赛泊星球的环境与1956年内华达州原子弹试爆时的环境做了比较，尤其提到了与接触辐射有关的情况，说明他亲自参与了那些试验。这是第二条透露指挥官过去身份的信息，我们之前已经了解到他来自科罗拉多州。他提到的那台又大又薄而且没有电子元件的显像管电视，听起来很像我们现在的平板电视，那么问题又来了：这种技术也是埃本人教我们的吗？有趣的是，指挥官感慨"他们在这个技

---

① 同前文，这里应该是华氏度，140华氏度等于60摄氏度。

术领域比我们更先进"，但既然他知道他们已经掌握了时间旅行的技术，为什么还会对他们在电视技术上领先于我们有所感慨呢？

指挥官继续写道：

> 我们发现了一座巨塔，看上去像天线塔，但顶部多了一面巨大的镜子，我们昨天刚到时就看见了。我们看见门边站着一位埃本人，但他让到了一边。我们问他是否懂英语，他只是一脸友好地盯着我们，我猜他应该不会讲英语。我们走进了那座塔，里面居然没有楼梯，但我们见到了一种圆形玻璃房间，可能是电梯。我们突然听到有人在说英语，我们转过身，发现Ebe2站在我们身后。她是从哪儿冒出来的？我[问]她我们能不能参观这栋建筑，她说当然可以，然后指着玻璃房间说，上去吧。好的，我们走进玻璃房间，玻璃门合上了，房间"嗖"的一下就升了上去。我们几乎瞬间就来到了塔顶。

日晷塔

> 可这是什么塔？我们问Ebe2这座塔是干什么用的。她指了指太阳，然后指了指房间顶部的镜子，接着又指了指地面。啊，原来如此。这座塔位于一个圆圈中央，圆圈在地面上，分四个象限，每个象限上都有一个符号。这面镜子似乎并不是那种常规的镜子，因为照在镜子上的阳光直接透了过去，并最终落在圆圈内的某个符号上。
>
> Ebe2说，当阳光接触到符号时，埃本人就会做出改变，不明白这是什么意思。可能她想说的是埃本人会根据光线的位置来决定该做什么事情。225似乎认为这相当于日晷。当太阳照射到一个符

号上时，埃本人就会停下手头的事而改去做别的事。看来埃本人的一天是精心安排好的。这应该就是他们的钟了。奇怪！可谁让我们身处一个奇怪星球呢？呵！看来我的幽默感还在。

埃本时间

这只是我们来这儿的第一天，初来乍到，要学的东西很多，我们必须打开心胸，不能凡事都拿来和地球相较。我们要以一种开放的心态来接受新思想、新科学。对我们而言，这里的一切都很陌生，但我们必须学习。

我指了指我的手表，然后又指了指地面，用手势向Ebe2解释这两种东西都是计时用的。不知道她明不明白我的意思，但我后来一说"时间"，她就立马懂了。她指着地面说，对，这是埃本时间。我又指了指我的手表说，这是地球时间。Ebe2几乎笑着说，不，在赛泊星球不准用地球时间。好吧，这很合理。225说，她只是告诉我们地球时间在赛泊星球上不管用。对，我想她说的是这个意思。那么我们的手表和计时器在这儿还有何用武之地？纯粹是个摆设嘛！

我们必须开始使用埃本时间。但也要同时关注地球时间，因为我们得知道什么时候离开。10年就像100万年那样遥遥无期。换算成埃本时间说不定就是100万年！但愿不是吧，没工夫去想家，我们有任务和使命要完成。我们是军人，必须坚决服从命令。我和225回到玻璃房间，下到地面。

这里展示的草图由探险队指挥官所绘，图中呈现的是他所看到的镜塔底部的样子。他认为很有必要画出这张图，因为太阳光射向镜子的角度决定了埃本人要做的事，而且在每个埃本社区都有一座这样的塔。匿名者在后文对指挥官绘制的草图做出了解释。值得注意的是，根据匿名者的说法，这幅草图绘制于1967年。然而，探险队登陆赛泊星球的时间是1966年年中，所以很明显，这幅图并不是在他们登陆的第一天画的，而是几个月之后才画的。方括号中的词是由电邮收件人兼赛泊网站编辑维克托·马丁内斯添加的。

　　匿名者提到，草图在绘制时用到了一些制图模板，因此它并非完全手绘而成。网站创建者比尔·瑞安补充了如下关于绘制草图的信息："由此证明，这幅画是用贝罗尔速绘（Berol RapiDesign）R-22建筑师制图模板画出来的。众所周知，这种十分常见的制图模板在赛泊探险队于1965年出发前几年就已经上市，所以在赛泊探险队所携带的设备中很可能就有它。"

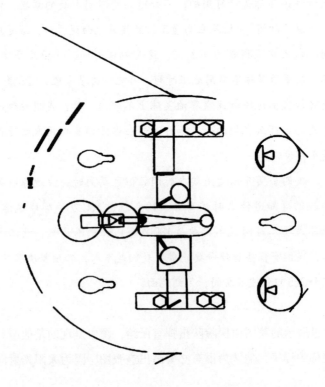

匿名者对草图的解释

为了这项为期10年的赛泊任务，他们前期做了大量规划，有多个官方团队为他们出谋献策，安排应该携带哪些设备。这些官员绞尽脑汁设想了各种情形下需要使用哪些工具和设备来应对。其中一种情形就是对赛泊星球上的各种物体、手工制品、风景地貌等的外观及构造进行记录。因此，赛泊探险队携带了相机（16种不同类型的相机）和绘画/制图设备。尽管探险队里没有人接受过专业的绘图训练，但有三位队员在大学时接触过绘画，他们带了好几种制图模板上路。负责规划的官员尝试设想了所有需要用到制图模板的场景。

由探险队指挥官绘制的草图描绘的是日晷底部的形态。图上的每个物体代表了埃本人一天中特定的时段。当太阳光穿透日晷射向底部的某个物体时，就意味着埃本人该执行某项[或转而执行另一项]特定任务了。打个比方，它可能代表工作日程中任务的变更、什么时候休息、什么时候吃饭、什么时候庆祝，等等。几年后，队员们认识了每个符号，并了解了它们背后的含义。

这幅图是指挥官在1967年绘制的原件副本，此外，探险队还拍摄了许多日晷符号的照片……

埃本人死板的生活方式着实让人震惊。我们的探险队发现，按照我们的标准，埃本人的平均智商达到了165。没想到拥有如此高智商的外星人会让自己的日常活动受到如此严格的控制。在地球上，我们认为创造力与自由的表达是密不可分的，我们深知，对于那些有创造力之人，一定要允许他们不走寻常路。事实上，我们甚至期望作家和艺术家能打破传统的生活方式，或许这就是艺术的关窍所在。而在埃本人身上，完全看不出我们每个地球人拥有的那种个性。由此可见，埃本种族几乎没有什么创造力。他们不喜欢创新，只是照搬先例，遵循从前辈那里传下来的规则。拥有高智商不见得就有创造力。因此，我们或许应该学会理解形形色色的人类面孔，欣赏每个独特的人类灵魂。

埃本食物

我们走进了另一栋建筑。同样很高大。里面有一卷卷[原文如此]植物。想必这是一间温室，他们在种植食物。这里有许多埃本人，他们看着我们，眼神中带着一丝怒火，但我们还是继续往里走。有个埃本人走上前跟我们说话，但说的是埃本语，他似乎想告诉我们什么。他指了指天花板，然后又指了指我们的头，他可能想告诉我们要戴帽子。我们必须找到Ebe2。我们退了出来，Ebe2就在外面。她似乎总是跟在我们身边。

现在我们终于知道这是为什么了：原来她是通过我们别在腰带上的设备来监控我们的。我问Ebe2这是什么建筑，她说是制造食物的地儿。好吧，我们好像把这里弄脏了。我们告诉她有个埃本人对我们讲了些什么话，然后还指着我们的头。Ebe2一脸疑惑，跟我们一道进了那栋建筑。刚才那个埃本人和Ebe2聊了几句，随后，Ebe2告诉我们，这里要戴帽子才能进。为什么？但我们没有提出质疑。那位埃本人拿出几顶像布做的帽子给我们戴上。我们戴上帽子便开始四处走动，那位埃本人对此似乎很高兴。

我们观察那些植物，他们用了一种灌溉系统，他们还给每株植物都罩了一种透明的布。我指着灌溉系统，问Ebe2那是不是水，喝的水。Ebe2说是。这时她察觉到我们口渴了。她把我们带到另一处入口附近，在那里给我们水喝，反正我们认为那是水。虽然喝起来有股化学品的味道，但这确实是水，其实味道还不错。

这是另一项对于20世纪60年代中期的地球人来说十分新奇的埃本技术，不过在今天，用水培法种植蔬菜已经很普遍了。这种种植方法不仅不需要土壤，而且节省成本。看来，我们从赛泊任务中学到了很多宝贵经验。匿名者在第六次披露的信息中，给出了以下有关埃本食物的细节，而这部分内容摘自他持有的一份3000页的任务执行情况报告。

美国的水培农场

　　食物……对我们的探险队来说是个问题。我们起初主要吃C-口粮，但最终还是不得不换成埃本食物。埃本人的食物种类很丰富，他们种植蔬菜。我们的队员发现了一些类似土豆的东西，但吃起来和土豆不同。他们还种生菜、萝卜和番茄，只有这些食物与地球上的相似。埃本人还种了一些与地球上不同的蔬菜，样子长得很奇怪，圆圆的，挂着长长的藤蔓。埃本人会把藤蔓煮熟再吃，剩下的大部分直接生吃。埃本人还有一种白色液体，我们一开始以为是牛奶，但尝过之后发现口感和成分都不太像。这种液体是从赛泊星球北半球的一种小树上提取的，换个说法就是，埃本人会给树"挤奶"。喝这种奶状液体似乎能给人带来一种愉悦感，但我们的队员从来没有真正"品尝"过它的味道。

埃本人也做饭。他们用深锅做炖菜，但我们的队员都觉得那种食物寡淡无味，所以我们只能往里加大量的盐和胡椒。埃本人还会烤一种面包，这是非酵母面包，味道相当不错，但我们的队员一吃完就严重便秘，只能喝大量的水来消化。埃本人和我们的队员都喜欢吃的一种常见食物就是水果，埃本人会一口气吃很多。他们的水果是我们从来没见过的，但味道很甜，有的尝起来像甜瓜，有的尝起来像苹果。另一个问题是水。我们的队员发现赛泊星球上的水含有许多未知的化学物质，所以我们只能把水煮开后饮用。埃本人看到后，就专门给我们建造了一间巨大的水处理厂。

埃本人不"方便"

匿名者继续写道：

埃本人排泄体内废物的生理需求和我们的不同，他们的住处只有很小的地方收集排泄物。他们的身体对摄入食物的消化效率极高，排出的废物只有少量粪便，和一只小猫的排泄量差不多。我们从没见过埃本人排尿。与之不同的是，我们的队员则需要排泄大量的粪便和尿液。所以埃本人只能给我们挖一些大坑来接收我们的排泄物，他们很照顾我们的需求。

第十二章　冲突

其四（但这将是一项长期工程，需要经过几代极权主义的控制才能取得成功）是一个万无一失的优生学系统，旨在标准化生产"人类产品"，从而更好地完成统治者的任务。

——《美丽新世界》[①]（*Brave New World*）1946年版序言

阿道司·赫胥黎（Aldous Huxley）

308在前往赛泊星球的途中死亡后，埃本人在没有任何解释的情况下控制了308的遗体。刚到目的地，指挥官就要求他们送还308的遗体，但遭到严词拒绝。在接下来的日记中，指挥官叙述了他尝试取回308遗体的行动是如何升级为一场紧张的对峙，以及Ebe2又是如何竭力缓和局势的。

[①] 《美丽新世界》是英国作家阿道司·赫胥黎于1931年创作的长篇小说，是"反乌托邦三部曲"之一。故事设定在公元2540年的伦敦，描述了在一个科技高度发达的未来新世界，人类变得像流水线上的"产品"，从生到死所有的一切都被标准统一化，没有了真实情感，丧失了人性光辉，成为严密科学控制下的一群被安排好身份及一生命运的奴隶。

他们抽干了308的血

　　赛泊星球的领导人是一个比所有埃本人都要高大的生物，他似乎比其他埃本人更凶悍。虽然我用了"凶悍"这个词，但我并不是说他有攻击性。他管理着这个星球，就像我管理着赛泊探险队一样。这么长时间以来，虽然我听不懂他说的话，但他的声音尤为刺耳，音调也与其他埃本人不同。203说这位领导人有种咄咄逼人的做派，我同意他的说法。不过，他对我们非常友好，而且对我们的要求都一一满足。

　　这位领导人曾向我们要过很多东西，大部分我们都给了，奇怪的是他还想要我们所有人的血液样本。Ebe2解释说，采集我们的血液（Ebe2称之为"保健液"）很有必要，这样他们才能为我们研发药物，以备不时之需。700和754担心他们会把我们的血液样本用于其他目的。我们同意让埃本人用308的身体做实验，但他们抽走了308全身的血液——这并未经过我同意，我将这一情况写进了3888号日记中。

　　因为此事，我们和埃本人的关系变得非常紧张。当我们来到存放308遗体的建筑物时，我们遇到了几个埃本人。Ebe1[这个Ebe1指的是前面提到的埃本领导人，而不是罗斯威尔事件中的Ebe1]出现了，我向他说明我们要把308的遗体带走。Ebe1说他的身体被保存起来了，不能带走。我们告诉Ebe1我们必须把他带走。我们一行11人在6个埃本人的陪同下走进了那栋建筑，他们并没有试图阻拦我们。

　　在里面的时候，我们发现那些容器打不开，它们似乎被某种加密系统锁起来了。我们找到了存放308遗体的容器，我决定派899去我们的储藏区拿炸药来把它炸开。这时，Ebe2和领导人一起出现了。Ebe2非常有礼貌地请我们稍安毋躁，她一连用了好几个

"请"字。事实上，她原话说的是英语里"请求"这个词。

我们退了一步，我告诉Ebe2我们只想把我们朋友的遗体带走，并对其进行检查。Ebe2把我的话翻译给领导人听。两个埃本人交流了很长时间。最后，Ebe2满脸沮丧地告诉我们，领导人要我们去另外一个地方跟一位埃本医生沟通这件事。Ebe2还说，那名埃本医生会解答[我们]想知道的有关308遗体的任何问题，而且她说那名医生也会讲英语。我告诉Ebe2，我要让899和754留下守着308的遗体，我带其他人去找那位医生。Ebe2把我的话翻译给领导人听，之后又是一段漫长的交流。过了好几分钟后，Ebe2说领导人希望我们所有人都离开这座楼，一起去见那位医生。我告诉Ebe2说，不行，我不能把308单独留在这儿，看这架势怕是免不了一场冲突了。

我让518和420回去取我们的手枪，然后立马赶回来。我不允许埃本人反对我的决定。Ebe2听见我的话后，用手拍拍我的胸口，告诉我等一等。我让她把我的话翻译给领导人听。两人再次进行了几分钟的言语交流，之后，Ebe2说领导人会把医生带到这里跟我们讨论情况。Ebe2拜托我不要派人去拿枪，大家可以和平解决这件事，不需要动用火力，请不要这样做。我答应Ebe2可以不去拿枪，但在看到308遗体之前我们坚决不离开。领导人拿起腰带上的通信设备讲了几句话。

大约20分钟后，3个埃本人来到了这座楼里。其中一个自称是医生，而且英语说得很好。这位医生的声音很特别，和人类的声音几乎一模一样，而且说话的语调也不像Ebe1和Ebe2那么尖锐。这位医生给我留下了很深刻的印象。我只是好奇这18个月以来他都待在什么地方，之前我们从没见过他。

这位医生告诉我们308的遗体不在这个容器里。他们用308的遗体做了实验，因为他们认为能研究这样一个标本是一种荣幸。

医生告诉我们，他们用308的遗体创造出了一个克隆人。听到这里，我打断了他的话。我告诉医生，我们这位队友的遗体属于地球上的美利坚合众国，而不属于埃本人，我没有授权埃本人对308遗体进行任何实验。我解释说，在人类世界中，遗体是很神圣的，只有我可以授权对308的遗体进行实验。

我强烈要求见到那具遗体。这位医生解释说他的遗体已经没了。他说，所有的血液，[和]身体器官都被取走，用来克隆另一个生命体了。"生命体"这个词把我和其他人都吓了一大跳。899气得火冒三丈，他直接冲医生骂了起来。我命令899安静，然后让203把899带出去。我意识到这可能会引发一场大冲突。我不能让这样的事情发生。我们现在只有11个人，如果埃本人要把我们囚禁起来或者干脆杀掉，根本不费吹灰之力，但我想，埃本人似乎不会这么做。我不能让这件事变得一发不可收，我意识到，我们已经没办法改变埃本人对308遗体做的那些事了。

Ebe2看起来非常沮丧。她告诉我大家都要和气，她重复了好几遍"和气"这个词，她不希望事态继续恶化下去。我心里闪过一丝对Ebe2的愧疚，她一直在极力调解这件事。203建议我们返回住处，开个团队会议。我告诉领导人，我不希望308剩余的遗体再被拿来做任何实验，我用手指着那位领导人的脸。Ebe2和那位医生翻译了我的话。医生非常坦率地告诉我，他们不会再动那具遗体了，他还说，那具遗体也已经所剩无几了。然后，Ebe2又对我说，领导人很不愿意看到我们不高兴，她说我们是客人，而且领导人对于冒犯了我们感到很难过。领导人不希望我们生气，而且承诺不会再对那具遗体造成任何伤害。我向Ebe2表示感谢，并让她向领导人转达谢意。

我们回到了我们的棚屋，每个人都很气愤，特别是899。我让所有队员都冷静下来。我分析了我们的处境，队员们仿佛没有意识到我们只有11个人。我们根本没办法和埃本人对抗。我们穿越38光年不是来和埃本人打仗的，更何况这是一场必败的仗。就算是赤手空拳和他们打架，我们也赢不了。当然了，也许能打得过，可赢了又如何？

我们必须认识到自己的处境，并采取相应行动。我命令所有成员都重新考虑目前的局势，并[接受]有关308遗体的事实。我让633和700与那位会讲英语的埃本医生一起研究克隆的过程。我们需要把一切都调查清楚，看看他们究竟对308遗体做了些什么，看看遗体能给我们什么线索，还有埃本人用遗体做了什么实验。

"美丽新世界"

在赛泊星球上，探险队进入到一个令人恐惧的未来世界，而早在1932年，阿道司·赫胥黎就在经典小说《美丽新世界》中描述了这样的新世界。甚至早在詹姆斯·沃森（James Watson）、弗朗西斯·克里克（Francis Crick）和莫里斯·威尔金斯（Maurice Wilkins）发现DNA分子并自此解开人类特征如何代代相传的谜题的20年前，赫胥黎似乎就已经预知了这一切。

由弗兰克·N. 马吉尔（Frank N. Magill）汇编的《名著概要大全》（*Masterplots*）这样概括此书描述的新世界："人类是大批量生产出来的。从受精卵到婴儿出生的整个过程都由训练有素的工人和机器来完成。每个受精卵都被放入一大瓶溶液中，通过科学手段使之生长为人类社会中的某个特定阶层。"早在1943年，被称为"死亡天使"的纳粹恐怖医生约瑟夫·门格勒（Josef Mengele）就已经在奥斯威辛集中营研究同卵双胞胎，并学习如何克隆人类了。

赛泊探险队在1965年离开地球时，科学界对DNA已经有了非常充分的认识，探险队中的两位科学家也应该对此有所了解，特别是在沃森、克里克和威尔金斯于1962年获得诺贝尔生理学或医学奖之后。而且，当时也有一些从绝密机构泄露出来的报告称，那些专门绑架人类的外星人"灰人"正在利用先进的遗传技术制造一种人类和外星人的混血种族，尽管巴德·霍普金斯（Budd Hopkins）和约翰·麦克（John Mack）彼时还未开始撰写有关这一话题的书籍（见附图16）。更有甚者，有人认为灰人本身就是克隆出来的。因此，对于赛泊探险队的医生和科学家来说，克隆人或克隆外星人应该不算是完全陌生的概念。可当埃本人表示308的遗体对于他们进行杂交实验有很大的利用价值时，他们仍感到很震惊。埃本人以一种粗鲁的方式向他们打开了基因工程"美丽新世界"的大门。可更让人震惊的事情还在后头。

《时代》杂志的克隆主题封面（2001年2月19日）

埃本基因实验室

探险队指挥官继续在日记中写道：

Ebe2来到我们的棚屋。我告诉她，633和700要去检查308的遗体，他们还会调查埃本人对308的遗体做了哪些实验。Ebe2看起来忧心忡忡的。即使在这个星球上生活了这么久，我们有时也很难确定埃本人脸上的表情代表什么意思。Ebe2回答说她必须先得到批准。这是我们头一次听Ebe2用到"批准"这个词，她一定在阅读或学习我们的语言，也有可能是她听我们说的。

我告诉Ebe2她可以去申请批准，但我也提醒她我们刚到赛泊星球时就被告知可以去任何地方，不受任何限制。Ebe2说她会跟领导人沟通的。633和700找出了一些检查埃本实验室需要用到的检测设备。根据我们的计时器显示，Ebe2大约在80分钟后回来了。她说我的队员可以去参观他们的实验室。我决定一同前往。于是，633、700和我在Ebe2的陪同下向实验室出发。我们得搭乘一架高空运输机前往，也就是他们的直升机。

一段时间后，我们终于到达了目的地。从我们的罗盘读数来看（也不算标准的罗盘读数，而是根据我们设定的参照点来计算）我们是往北走的。按照埃本人的标准来看，那是一栋很大的楼，看起来像一栋单层无窗的校舍。我们降落在屋顶上，也可能是屋顶上的着陆区，我们被护送着从一条通道或斜坡下去。他们的星球上没有梯子，我想在我之前的日记里应该提到过这件事……他们只有斜坡。

我们来到一个房间，墙壁是白色的。随后，我们穿过走廊，进入另一个更大的房间，我们见到了那位会讲英语的医生。我们还看见许多埃本人，全都穿着蓝色连体服，和我之前在日记里提过的那种常服不同。那位医生告诉我们，在这栋楼里完成的所有实验都是为了创造克隆体。他没有称这里为实验室，只是说这栋楼。我们被带到另一个房间，里面有很多筒状容器，看起来很像玻璃浴缸，每个圆筒里都装着一具尸体。我惊呆了，700和754也一样。

面目狰狞的生物

尸体，奇形怪状的尸体，不是人类的尸体，至少不完全是。我们一边穿过圆筒中间的通道，一边透过玻璃往里观察，这些生物看起来面部狰狞。我问那位医生这些圆筒里的都是什么生物。医生告诉我们这些生物都来自别的星球。700问医生，这些生物是到了赛泊星球就死了还是埃本人把它们带到这儿来弄死的。医生说所有生物被带到赛泊星球的时候都是活的。700问它们是否被绑架了或是违背自己的意愿被带到这儿的。医生不知道"绑架"这个词是什么意思。他看起来很困惑，然后问我们是什么意思。

700说，意思是事先没有得到它们自己或它们星球领袖的同意，就把它们从另一个星球带到了赛泊星球。医生说这些生命体是被带到这儿来当实验品的，这是一些没有智慧的生命体。接下来Ebe2用了"动物"这个词。好吧，现在我明白了，这些生物全都是来自外星球的动物。那位医生似乎不知道"动物"是什么意思。Ebe2和医生用埃本语交流了一会儿，然后医生说，对，它们都是动物。

然后我问这栋楼里有没有智慧生物。医生说有，但都在抵达赛泊星球的时候就死了。700提出想看看这些生物，医生纠正700，说应该用"生命体"这个词。好吧，我想在这里"生物"指的是动物，而"生命体"指的是像人类一样的智慧生物。

我先描述一下这些圆筒里的生物吧，它们形态各异。我看见第一个圆筒里的生物长得像豪猪，它的身体里好像还插了根管子。管子直通圆筒下方的一个盒子。我看到的第二个生物像个怪物，长着硕大的脑袋，一双深陷的大眼睛，没有耳朵，有嘴巴但没有牙齿，身长大约1.5米，有两条小腿，但没有脚，有两条胳膊，但好像没有肘，有手但没有手指。这个生物体内也插着一根管子。第三个生物的样子实在无法形容。它的皮肤是血红色的，中间有两个点，可能是眼睛。没有胳膊，也没有腿，散发着一股奇怪的臭味。它的皮肤上似乎长着带斑点的鳞片，有点儿像鱼，可能就是条鱼吧。第四个生物长得很像人类，但它的皮肤是白色的，不是白皙的那种，而是雪白雪白的。皮肤上有皱纹，硕大的脑袋上长着两只眼睛、两只耳朵和一张嘴，脖子很短。那颗脑袋看起来像是直接长在下面的躯干上的。它的胸部很瘦，大大的骨架往外凸起，胳膊是弯的，有手但没有拇指，双腿也是弯的，有脚但只有3个脚趾。我实在没办法再看其他的生物了。

古埃及神阿努比斯——半人半兽？

赛泊文明的阴暗面

　　我们走下另一条通道，穿过一间房，又下了一道斜坡，进了另一间房。这个房间看起来像医院的病房，里面有很多床，或者至少看起来像床，埃本人的那种床，我以前描述过它们的样子。每张床上都躺着一个那位医生口中的生命体。

　　医生告诉我们每个生命体都是活的，且受到精心照料。700问医生这些生命体是否生病了。Ebe2只好翻译给他听，医生说，没有，他们在成活。我们三个[102、754和700]好像都被他说的"成活"吓了一大跳。我问Ebe2医生的话是什么意思。Ebe2和那位医生交流了几句，然后告诉我们意思是"生长"。

　　700问医生这些是不是他之前提到的克隆生命体。医生说，对，每个生命体都在"生长"，他照搬了Ebe2的说法。754问医生这些生命体是否像植物一样生长。医生说，对，这是个很好的比喻。700问是怎么生长的，医生说用其他生命体的某些部位来培养这些生命体。医生说他没办法用英语来解释这个过程，因为他不知道那些词该怎么说。

　　700接着问Ebe2能否解释一下生长过程。Ebe2说她也不知道那些词。Ebe2说，先用一部分血液和器官混合成某种物质，然后将这种物质放进这些生命体体内。Ebe2只能用英语解释这么多了。我让700回去找420，把他们[他]带来。我们一边等420，一边观察这些生命体。他们都在呼吸。大部分都长得和人类很像，最后面还有两个是狗头人身。

　　这些生命体都没有清醒过来，要么是在睡觉，要么是被麻醉了。420来了。我让420看看他能否翻译出他们培养这些生命体的方法。420和Ebe2聊了起来。420非常厉害，我们来这儿不算太久，大概地球时间的18个月吧，但他已经把埃本语学得很好了。

420说，需要从其他生命体中提取细胞，并与一些化学物质混合来培养，再注入另一个生命体体内。这差不多是420所能解释的全部内容了。

420不知道Ebe2说的那些词具体是什么意思，但他可以肯定她说的与细胞有关，因为她提到了"细胞"这个词。然后Ebe2告诉我，他们从细胞里提取了一些物质。700和754问这些物质是细胞膜还是细胞识别标记。Ebe2把这个问题翻译给医生。这两个埃本人似乎都很困惑，表示无法解释这个过程，因为不知道用英语怎么讲。700提到了先进的细胞膜生物萃取法，但Ebe2和医生都不知道这是什么意思。

我问754是否能看出他们在做什么。754说人类细胞中含有一种较小的物质能与细胞膜一起识别结构。地球上的技术还没有先进到这种地步，这只是754在出发前在资料上读到的。但754认为地球上对活细胞的培养技术还达不到埃本人这种水平。埃本人一定是找到了某种能将细胞培养成为生命体的方法。700和754说在地球上没有他样[这样]的技术。然后我问医生，308的身体是不是被用来创造生命体了。医生说对，还把新生命体展示给我们看。我吓了一跳，700和754也一样。

这个用我们队友的血液和细胞创造出的生命体长得非常高大，与埃本人一模一样。但手脚和人类的差不多。他们是怎样如此迅速地培养出这个生命体的呢？这显然超出了我们的认知。我看见了我想见到的一切。我告诉医生我们想离开这儿。Ebe2注意到我有些不高兴，便拍了拍我的手。那一刻，我突然觉得很不安。

Ebe2对于我见到的这一切感到非常揪心，于是她说走吧。我们走出了这栋楼，我再也不愿见到这个地方了。我看到了这个文明的阴暗面。埃本文明并不像我们想象中的那么人道，但我必须承认他们并没有隐瞒任何事情。那位医生跟我说话非常坦白，其他埃本人也一样，他们不知道怎么说谎。可只要我们还在这个星球上，我们的亲眼所见就会改变我们对埃本人的印象。

探险队的两名医生（700和754）在询问从细胞内部取出的物质是细胞膜还是细胞识别标记时就开始明白埃本人在做些什么了。然后754说"人类细胞中含有一种较小的物质能与细胞膜一起识别结构"时，其实是在下意识描述DNA。紧接着，指挥官说："地球上的技术还没有先进到这种地步，这只是754在出发前在资料上读到的。但754认为地球上对活细胞的培养技术还达不到埃本人这种水平……700和754说在地球上没有这样的技术。"可见，医生们基本明白了这是怎么一回事，只不过当时地球上的DNA生物技术还没有被用于复制生命体或培养器官。所以当他们看到用308的DNA创造出的杂交生物时，他们一定很快就反应过来了。

埃本人显然掌握了灰人的那种技术。自20世纪50年代，灰人就一直在一些地下实验室（比如新墨西哥州的杜尔塞地下基地）秘密研究外星基因工程项目。许多人爆料称在这些地方见到了转基因的"怪物"。毫无疑问，我们从这些外星人的实验中了解了许多信息，现如今，基于我们完善的DNA知识，我们（至少从理论上）基本明白了埃本人和灰人在做什么。当然，谁也不知道我们有没有尝试复制过他们的这些可怕的实验，这或许是当局要对这类事件长期保密的原因之一。

第十三章 极权国度

接下来，我们从探险队指挥官日记中了解到，赛泊探险队没有与埃本人开展最高层面的官方科学交流项目，而只能向一些不了解地球的埃本学生传授地球上的技术信息。这太不可思议了。我们原以为赛泊探险队的科学家会受邀与顶尖的埃本大学和机构的技术专家进行交流探讨。很明显，埃本人早已通过对我们的大学和企业研究机构的秘密监视，获得了他们想要的所有关于我们科学和技术的信息。可我们却并不清楚他们在罗斯威尔事件之前对我们的监视程度如何。他们显然认为我们仍处于科学的黑暗时代，所以对我们要教给他们的东西没有一点儿兴趣。

交流科学的障碍

在这篇日记里，指挥官在努力教授一些埃本学生地球上的科学知识：

跟埃本人交流科学实在太困难了。我们该怎么向他们介绍爱因斯坦呢？他们又该如何向我们介绍他们的"爱因斯坦"呢？要把我们的科学介绍给他们是一件非常吃力的事情，然而，他们似乎比我们更快地理解我们的物理和化学。我们设法观察到了他们技术上的一些奇怪现象。

首先，我们拆开了一个他们安在我们腰带上的定位器。这个过程并不容易。那东西不是用螺丝或螺栓固定的，我们只好把它砸开，里面的电子元件我们从来没见过。没有任何像我们的晶体管、电子管、整流器、线圈之类的元器件。这个东西里只有一些导线，而且导线的某些点上有凸起。我们用计频器测不出它的发射频率和接收频率。读数超出计频器的范围了。633和661用了一些其他的设备来分析，但还是弄不明白。我们请教了那个被我们称呼为Ebe4的埃本科学家。不过语言是个问题，因为Ebe4不会说英语，所以只能由Ebe2翻译给他听。尽管Ebe2的英语很不错，但她的翻译漏掉了[很多]信息。

20世纪60年代军用摩托罗拉调频收音机

我们把便携式收音机拿给Ebe4看。这款摩托罗拉调频收音机对我们来说已经相当复杂了，这是新产品，有4个频道。661当着Ebe4的面把收音机拆开，向他解释里面用于接收频率的零部件和各种晶体管。Ebe4根本听不懂，他似乎和我们一样迷茫。Ebe2告诉我们，Ebe4搞不懂这台收音机的工作原理。

所以这就是我们遇到的困境。我们如何交流科学呢？我们两种文明必须互相学习才行，于是我们决定开办一所学校。最初一段时间举步维艰。我们先从简单的东西开始，我们认为这些东西应该和他们知道的差不多。我们把"光"作为切入点，661有过教学经验，他从波长开始教起。661先讲了不可见光和"埃①"的概念，然后向他们展示了光谱[见附图18]。此外，661还向他们展示了宇宙射线以及我们测量它们的方式，接着又讲到了伽马射线、X光和紫外线。661解释说，光就是我们说的电磁波。在埃本时间的几天里，661讲了他所知道的关于光、频率和频段的全部知识。

赛泊星球上的"爱因斯坦"

在这段时间里，有许多埃本人都来听课，这大大加重了Ebe2的翻译任务。Ebe2在解释661的授课内容时非常吃力，因为有些内容她不知道用埃本语该怎么说，但她还是出色地描述出了661所说的内容。虽然我并不认为Ebe4完全听懂了661讲的内容，但他很快就明白了661描述的是什么。

随后，661向Ebe4展示了我们的一台测试设备的维修手册。

---

① 光谱线波长单位，1埃等于10^{-10}米。为纪念瑞典光谱学家埃斯特朗而命名为"埃"。

由于我们带来的物品几乎都是军用的，所以这是一本军事手册。这本手册里有电路原理图，Ebe4完全一头雾水，但他最终还是明白了661向他展示的是测试设备的内部①。然后，661开始讲电的基本知识，包括欧姆定律、电压和电流的各种计算公式。

毫不夸张地说，Ebe4听得稀里糊涂的，但另一位来听课的埃本人很快就理解了。我们把这位埃本人称为Ebe5或"爱因斯坦"。这位埃本人格外聪明，来这儿整整3年了，我们终于遇到了一位能理解地球科技的埃本人。唯一的问题是他不会讲英语，但他会问问题，Ebe4就从不这么做。虽然Ebe5花了好几节课才理解公式中每个字母的意思，但他最终还是明白了我们在说什么。

这位埃本人的智商肯定超过了300！他甚至还答对了661提的几个简单的问题。比如基本电学中求解电路电阻之类的。真是让人大开眼界！Ebe5成了我们的尖子生，我们也甩不掉他，他总是缠着我们问问题，并让Ebe2给他翻译。如果Ebe2没空，他就会简单地指一指，耸耸肩。我们则会用英语和他说话，或者让420或475翻译给他听，但只有420能听懂他说的大部分内容。

高效制造

这就引出了另一件有趣的事情。Ebe5的长相和其他埃本人有些不同。在过去的几年里，我们注意到有些埃本人看起来与众不同，尤其是那些生活在北边的埃本人，他们的脑袋似乎更大，而且脸上写满了风霜。Ebe5就是从北边来的，他住在我们北边的第

---

① 请参阅附录2中赛泊探险队携带的所有测试设备清单。——原书注

二个村子，离我们大约5千米……我在4432号日记里画了地图，上面标记了北边所有的村庄。

我敢肯定埃本人在更远的地方还有村庄，只是我们至今还未踏足过。而且，Ebe5没有伴侣，这一点很奇怪，但也不是什么稀罕事，我们发现有好几个埃本人没有伴侣。我们没有深入研究过Ebe5的私生活，但518对此很好奇。我曾在一篇日记中详细写到过埃本技术。埃本人没有螺丝和螺栓之类的东西，他们制作的所有东西都是用某种焊料或熔融方法密封起来的。我们参观过他们的制造厂，他们制造家具、直升机或飞行设备的效率让我们惊叹不已。我们还没有看过他们的主航天器制造厂[①]，想必它一定建在遥远的西南方。

我相信总有一天我们会去参观的。我们还要再待7年，或者至少是地球时间的7年。正如我之前说过的，我们已经完全忘记了地球时间。我们不用地球时间已经很多年了，我们现在都用埃本时间来计时，我之前也讲过，这种计时方式非常复杂。

在接下来的指挥官日记中，我们开始了解外星文明拥有怎样先进的技术，以至让他们能穿越时空抵达遥远的星球，能创造出像《黄皮书》那样神奇的东西，还能克隆复杂的生物，可与此同时，他们却又不知道关于电的基本原理，而这似乎是获取这些先进技术必不可少的先决条件。正如高级生物科学只掌握在那几个埃本医生手里一样，或许也只有小部分埃本精英科学家才知道太空航行的技术。换言之，埃本人显然把更高层次的科学技术留给了少数人，而不是让大众分享这

---

① 埃本人的保密行为似乎从这里开始出现。他们或许考虑到安全问题才不让赛泊探险队参观。见下文。——原书注

些知识，他们甚至会为这些被选中的少数人举行入会仪式。

这不免让人想起在古埃及文明中，只有大祭司才有资格学习象形文字——圣职者的专用语言，以及在现代美国，尖端科学只存在于"黑色项目①"（Black project）这样的绝密领域中，只有那些通过了复杂的背景调查从而得以进入其中的科学"精英"才能接触到。

这似乎是一种不只地球上才有的操纵社会的方式。对于这些以高等物理和化学为基础的尖端技术没有普及大众，匿名者给出了具体的例证："在工业领域之外，埃本人没有任何形式的制冷设备。"换句话说，埃本文明基本上是一个军工寡头政体。埃本人分为两大群体——一类是小心翼翼守护着科学技术的精英管理者，另一类是受到操纵且凡事皆被蒙在鼓里的普通大众，但他们也会少量分得一些先进技术的成果，当然这是在精英们的严格控制之下。这一点在赛泊探险队深入了解埃本政府后得到了证实。

匿名者的如下评论可以证明埃本民众的确受到了严格管控：

> 虽然埃本文明没有电视和收音机之类的东西，但每个埃本人的腰带上都别着一台小设备。这台设备会发出执行某项任务的命令、报告即将发生的事件，等等。它会将信息展示在一块与电视屏幕类似的显示屏上，不过以3D模式呈现的。我们的赛泊探险队带回了一台这样的设备（我想这相当于我们今天用的掌上电脑）。[括号里的这条备注是匿名者在2006年写的，放在今天，这应该就类似智能手机了。]

匿名者继续写道：

---

① 一些未得到政府、军方或国防合约商公开认可的绝密军事或国防项目。

这些访客[也就是埃本人，因为他们当初到访过地球]在日常生活中极度自律。每个访客都按照一份计划表来工作，这份计划表不是由时钟决定的，而是由太阳的移动位置决定的。每个小社区都建有一座高塔，用来过滤阳光，留下日影。当太阳来到高塔上方的某个特定位置时，这些访客就需要做某件特定的事情。

由于埃本人的通信网络没有覆盖整个星球，所以他们只能以一些地区性的且不费什么脑力的游戏或消遣为乐。匿名者说：

这里没有电视台或者广播站之类的。埃本人会玩一种类似足球的游戏，但他们用的球个头更大，目标是在球场上把球踢进球门，游戏规则非常奇怪，而且一场球要踢很长时间。他们还有一个组队布阵的游戏，主要是孩子玩的。他们似乎非常热衷于这种游戏，但我们的队员觉得没什么意思……生活必需品会配发给每个埃本人，这里没有便利店、商店或购物中心。埃本人都去中央配送中心领取所需物资。每个埃本人都有自己的工作岗位。

我们从匿名者的如下说法中了解到更多有关埃本政府的情况：

赛泊星球不是受某一个埃本人统治，而是受到一个被赛泊探险队称为"统治者理事会"的组织管辖。这个组织控制着星球上的一举一动。理事会成员似乎已经存在很长时间了……这里有领导人，但没有真正意义上的政府。队员们在这里几乎没见过任何犯罪情况。埃本人有军队，而且充当着警察的角色，但队员们没见过枪支或其他任何形式的武器。每个小社区内部会定期召开会议。此外，在这个文明的中心还有一个大社区，各种产业集中于此，但这里没有货币。

很明显，所有埃本人的活动都需要听从中央机构通过他们腰带上的装置下达的命令或指令，以及太阳的移动。中央机构显然受到"统治者理事会"（这个名字也是赛泊探险队取的）的管辖。这种管理模式把埃本人变得像机器人一样，甚至说他们像奴隶也不为过。尽管他们的基本需求都得到了满足，但他们并不是真正的自由，他们都过着斯巴达式循规蹈矩的生活。匿名者说：

> 每一户埃本家庭都过着简单的生活。他们的房屋是用黏土、一些类似木头的材料和某种金属混合建造的。所有屋子外观都一模一样。建筑材料似乎来自西南方，看着像土坯。屋子内部有4个房间。一间卧室（一家人都在这里打地铺）、一间食物准备室（厨房）、一间家庭活动室（屋里最大的一间）和一间小小的厕所。

他们不仅生活和行为方式一样，就连长相也像是一个模子印出来的。匿名者说：

> 起初，在队员们眼中，所有的埃本人看起来没有任何差别。但过了一段时间，队员们学会了用声音来辨别埃本人[1]。

这些信息所呈现出的埃本文明与赫伯特·乔治·威尔斯在《时间机器》（*The Time Machine*）中描绘的未来社会很相似，那些埃洛伊人（Eloi）被莫洛克人（Morlocks）灌输思想，认为他们是自由的，可事实上他们被莫洛克人催眠控制着从事机械化活动，并偶尔沦为那些地下

---

[1] 我们已经了解到埃本人精通克隆技术，因此他们中有许多人很有可能是被克隆出来的。我们知道灰人是依靠克隆技术来增加种群人数的，因为他们已经丧失了繁殖能力。或许埃本人也开始遇到类似的问题，所以用克隆技术来增加人口数量。——原书注

统治者的食物。这也不免让人联想到纳粹德国不允许人们收听外国广播，以免他们了解到德国以外的生活是什么样子，从而使他们完全受纳粹政权控制；与此同时，他们的党卫军精英统治者们正在开发太空时代技术，并试图在南极洲建立一个先进社会，而德国民众对此一无所知。

结构化的文明

赛泊网站于2005年11月上线后，匿名者回答了网站上收到的一些问题。以下内容是他对"埃本人口数量为什么只有65万"这一问题的回答：

> 埃本人有一个非常稳定且结构化的文明。每位男性都有一个伴侣。他们被允许繁殖(在某种程度上和我们的性行为方式相同)特定数量的孩子。我们的团队从未见过有两个以上孩子的家庭。埃本文明的结构化程度相当高，以至他们甚至对每个孩子的出生日期都做了安排，他们会把孩子的出生时间隔开一段距离，从而保障一种合理的社会群体分布。与地球儿童相比，埃本儿童的发育速度极快。我们的队员现场观看了埃本医生的接生过程，并观察了这个孩子在之后一段时间里的成长……他们的发育速度十分惊人。
>
> 埃本人中有科学家、医生和技术人员。这个星球上只有一所学校，只有被选中的埃本人才能去上学，而且可以学到对每个人而言最适合也最能胜任的工作技能。虽然很难判断或精确测量，但队员们估计每个埃本人的智商都达到了165。

这一信息进一步证实了统治者理事会对埃本人生活的方方面面都行使了职权与控制，而且似乎没有埃本人抗议他们的决定，这是绝对的独裁。然而，据赛泊探险队的判断，大多数埃本人都绝顶聪明，只不过在赛泊星球上还未有个人自由这一概念。他们按照要求工作，而且他们的劳动成果也大都归统治阶级所有。由于被剥夺了一切闲暇时间，所以他们无法创作出具有艺术性或创造性的作品来娱乐或启发彼此。他们居住的世界显得残酷又灰暗，然而，我们可以在"埃本·爱因斯坦"Ebe5身上隐约看到反叛的种子。他成了赛泊探险队的"小尾巴"，跟着队员们到处转。很明显，他开始从队员们的行为中理解了自由的概念，而且想要对自由的原则有更多的了解。

"1984"社会①

以下内容节选自指挥官后来的日记，其进一步描述了受严格控制的埃本社会：

> 在近期的一次团队会议中，我和203决定免去每位队员从第一次见到我们起就养成的行军礼习惯。我决定让大家继续保持军人的举止仪态，但免去行军礼的环节。队员们都表示赞同，我对此没有任何问题。每次我们行军礼的时候，埃本人就会盯着我们看。
>
> 不过他们也有自己的打招呼方式。埃本人在一天的不同时间段有不同的打招呼方式。他们有时会拥抱，有时会触摸手指，有

---

① 这一说法出自乔治·奥威尔（George Orwell）于1949年出版的反极权主义经典长篇政治小说《1984》。这部作品刻画了一个极权世界，在这里人性被扼杀，自由被剥夺，思想受到严酷钳制。

些时候还会鞠躬。我们至今没有弄清楚他们为什么要这样做，Ebe2只说这是一种正式的打招呼礼仪。

埃本人遵循着严格的生活制度。他们的生活方式极其刻板，虽然也有例外，但这种情况并不多见。埃本军人让每个人都守规矩，正如我之前提到的，埃本军人充当了警察的角色。埃本军人不携带任何武器，但他们有不同的制服，每个埃本人都尊重那些穿制服的人。埃本军人无时无刻不在巡逻，他们两两结伴而行，看起来非常友好，但也有非常严厉的一面。

我们曾经看见有两个埃本人从一块地里穿过，两名埃本军人立马追了上去，然后指着一栋建筑。那两个埃本人便跟着军人一起走向那栋建筑，两名军人冲他们大吼大叫。当时，420和475都翻译不出那些内容，但我认为那两个埃本人肯定违反了某种习俗或法律。曾经在我们靠近一些不该靠近的地方时，埃本军人也对我们提出过警告。

埃本军人与我们打交道时非常有礼貌，但他们还是会警告我们不得违反他们的任何习俗或法律。我们有一次打死了一条沙蛇，然后立刻就有六名埃本军人出现在我们面前，我们花了很大功夫才处理好那次事件。但埃本军队从来没有碰过我们，也没有威胁过我们。

埃本人早已适应了我们的存在，正如我们适应了他们一样。我们继续执行任务，而他们也允许我们做几乎任何事。但有一项行为是被禁止的，即不得擅自闯入埃本人的私人住宅。我们做过一次，然后被埃本军人很客气地请了出来。埃本军人的数量似乎超过了实际所需。我之前讲过，他们是有武器的，但我们极少见到他们携带武器，只在不久前的一次戒备中见到过他们的武器。

当时我们刚结束一段休息期，Ebe2就来到我们住的院子。Ebe2神情紧张地告诉我们待在里面，不要出去。我们问是什么原因，Ebe2说有一艘不明宇宙飞船进入了他们星球的轨道。但Ebe2让我们放心，说他们的军队会处理。我们自然也进入了戒备状态。我们配好武器，严阵以待，准备守护我们的生活区。我们没有听从她的指令，走到了屋子外面。

我们抬头看见空中有许多飞行器，随后又看见所有的埃本军人都携带了武器和一个看起来像背包的东西。用899的话说，他们全副武装。这次戒备没有持续很长时间，Ebe2回来后，有些好奇地打量了我们一番，告诉我们事情解决了，警报解除。我们问她那艘不明宇宙飞船的身份是否得到了确认。她说那不是宇宙飞船，只是一块天然的太空碎片，仅此而已。我们并不相信她说的，可又无从得知其他的说法。我们回归到了正常生活。

根据探险队指挥官给出的这些新信息，我们现在有理由认为赛泊星球就是一个"极权国度"。尤其看到他写道"埃本军人让每个人都守规矩……埃本军人无时无刻不在巡逻"时，我们可以合理地断定"极权国度"这个说法是很准确的。遗憾的是，我们未被告知统治阶级过着怎样的生活，但不难猜测，他们的生活方式一定极度舒适，乃至奢侈。鉴于生物医学大楼里的那位医生能讲一口完美的英语，他显然是上层社会的一员。我们现在知道埃本的上层社会都接受过良好教育，而且对于地球知识更是如数家珍。但从目前了解到的情况来看，我们的队员还未获批准与他们见面。

显然，暴政与奴役存在于银河系中的许多世界中。可以想见，倘若法西斯分子在第二次世界大战中获胜，我们也必将沦落到这样的命运。如今，在我们开始探索宇宙之际，我们必须承担起一项使命：将美好的自由带给银河系中受压迫的民族，这才是正道。如果托马斯·杰斐逊①总统在世，他一定会鼓励我们去解救那些暴君压迫下的银河系社会。在不久的将来，如果威廉·夏特纳②（William Shatner）当选为美国总统，我们或许就能加入银河系联盟，与那些太空兄弟并肩作战，重建、守护并推动整个银河的自由事业。当然，要是有柯克舰长③掌舵，我们就如虎添翼了。

《星际迷航》中的舰队帮助解救银河系中受压迫的民族

---

① 托马斯·杰斐逊（1743—1826），美利坚合众国第三任总统（1801—1809），同时也是《美国独立宣言》的主要起草人，美国开国元勋之一，与乔治·华盛顿、本杰明·富兰克林并称为"美利坚开国三杰"。

② 威廉·夏特纳（1931—），犹太裔加拿大籍演员，因饰演《星际迷航》中的"进取号"星舰舰长詹姆斯·T.柯克一角而为人所熟知。2010年威廉·夏特纳宣布弃影从政。

③ 美国经典系列电影《星际旅行》中的一个虚构角色，曾由威廉·夏特纳扮演。

第十四章　宴会、欢乐与死亡　　

在回答一个发布在赛泊网站的问题时，匿名者说：

> 埃本文化中有一种音乐娱乐形式，听起来像一种音调节奏。他们还会听一种像念经一样的音乐。埃本人都会跳舞，他们会跳一种很有仪式感的舞蹈来庆祝某些特定工作时段的结束。他们会围成一圈，一边听着那种念经似的音乐，一边跳舞。那种音乐应该是用钟或者鼓之类的东西演奏的。

从指挥官的日记中，我们了解到埃本人更多的娱乐方式：

> 我们今天参加了一场宴会。实在太难忘了！我们贡献出了最后一点儿C-口粮，但埃本人似乎并不中意我们的食物。我们还宰杀了一头野兽。我之前也说过，埃本人允许我们宰杀野兽吃肉。这种肉的味道还不错，899说吃起来像熊肉，但我从没尝过熊肉的味道。在我们吃肉的时候，埃本人都用一种很奇怪的眼神盯着我们看。让人费解的是，他们能克隆人类和其他的生物物种，但他们竟然不能吃肉？真是太奇怪了。不过，他们允许我们做任何我

们想做的事，而吃肉可以帮我们补充身体所需的蛋白质。

我们用光了最后一点儿盐和胡椒，这下吃他们的食物就更有挑战性了。埃本人没有类似盐和胡椒的调料，但他们有一种像牛至叶的"香料"（这是我们的叫法）。那东西味道很酸，但我们已经适应了。这场宴会太棒了，我们加入埃本人一起跳舞，他们非常高兴。他们最大的乐趣就是跳舞和玩一些奇怪的游戏。我之前描述过这些游戏，但[在]这场宴会中，我们见到了一种新花样。

这种游戏有点儿像下国际象棋，他们站在院子里的一块方形场地上，自己充当棋子。这个场地被分成24小块，每块都有两个点。埃本人的移动规则和移动的原因对我们来说都是个谜。一个埃本人先说了一个词，然后另一个埃本人就开始移动。看这架势像一种团队游戏，每支队伍有6名埃本人。我们也搞不明白内里究竟，不过到最后这些埃本人就开始共舞，我们觉得应该是在庆祝游戏胜利吧。真是有趣的一天！

球类竞赛与性

匿名者又补充了以下内容：

我们的队员携带了垒球运动器材，用于开展体育活动。埃本人会一边看队员们打球，一边放声大笑（那笑声听起来像在尖叫）。最终，埃本人也开始玩起了这项运动，但他们总是忘记在球落地之前把球接住。此外，我们的队员还会玩触身式橄榄球。埃本人同样会聚精会神地观看，然后亲自上阵。不过和打垒球一样，埃本人似乎从没想过必须在球触地前把球接住！

虽然我们的队员都很尊重埃本人的隐私，但他们还是得到允许亲眼见证了埃本人诞育后代的过程。在一旁窥探的队员们捕捉到了埃本人的性活动。埃本男女的性器官和性行为都与地球人类似。据队员们记录，埃本人性活动的频率没有我们人类那么频繁，性活动可以被认为是他们获得快乐和繁衍后代的方式。

指挥官继续描述那场宴会：

我的队员们和几个顽强的埃本人打了一场垒球。他们学会了这种运动，嗯，至少大部分规则都掌握了，只是他们还没搞明白必须在球落地之前接住球，不过他们玩得很开心。我们在埃本人当中发现了一些极具天赋的运动员，当然，还有些埃本人完全没有运动细胞，这一点和人类一样。我们的垒球赛被一场大雨打断了，最后我们都跑进了社区大楼。我们吃完饭后回到了生活区，与以往的每一天一样，我们开了个简短的总结会，还互相检查心理和身体状况。随着一天的结束，我们开始了8小时的休息。

我们放弃了地球时间

我前面也讲过，埃本人的时段划分与我们不同。他们每工作10小时就会休息大约4小时。但我们必须考虑到，他们的一个小时比我们的要长，而且他们的一天也比我们的长。所以我们放弃了地球时间，改用埃本时间。这样理解起来或许很费劲，等我回到地球，我会解释这种时间差异，以及我们为什么必须用他们的计时方式。我坚持在每篇日记中都提到时间问题，但值得注意的是，尽管我们已经在这里待了大约3年的地球时间，也早已放弃了地球时间，改用埃本时间，但我们还没能掌握用两个太阳来计时的方式。后来我们又尝试使用我们的手表，可还是不管用。于是我们干脆放弃我们的计时装置，只用埃本人的计时塔来看时间。每个村子都有一座计时塔，而且那些符号也很容易理解。每个符号都代表一个特定的时间和特定的工作周期。

这种计时非常复杂，因为它不仅和赛泊星球绕着其中一颗恒星公转的方式有关，还同时受到另一颗恒星的影响。以下是匿名者就埃本时间问题给出的说法：

我们的科学家也提出了和网友们一样的问题。我们的科学家对赛泊队员收集的信息提出了质疑：赛泊星如何能在测定的距离上绕着两个太阳公转？最后，我们的科学家发现，那个特殊体系有些地方遵循着与我们的地球体系不同的物理学原理。另外，还有一些问题是关于在时间基准不稳定的情况下，队员们是如何测出公转轨道及其他数据的。出于某些原因（至于是何原因，我想从未有人查证过）我们的计时装置在赛泊星球上不起作用。

现在，考虑到这一点，你就能理解我们的队员在没有稳定的时间基准的情况下进行计算是多么困难的一件事了。他们只能另想方法来测量速度、轨道等数据。

考考你：如何在无法测量时间的情况下解决物理问题！所以你看，我们的队员们利用了手头上一切可以利用的仪器，克服了重重困难尝试[进行]科学计算。换成地球上哪一个科学家都很难理解其他太阳系或其他行星上不同的物理现象。在我收到的问题中，有一个是关于开普勒行星运动定律的，我们的队员知道这个定律。但要用开普勒定律，就必须知道时间，而我们的队员只知道传统的测量时间的方法。所以开普勒定律显然不适用于那个太阳系。综上，我们的地球科学家们认识到，地球上的物理定律无法在全宇宙普遍应用。

约翰尼斯·开普勒（1571—1630）

匿名者就这个问题进一步说道：

关于时间问题，根据任务执行情况报告中的描述，赛泊队员携带了多种计时装置，比如无需电池的手表。虽然这些装置本身能够正常运作，但它们无法与埃本时间对应，因为埃本的一天比地球时间要长，黄昏和黎明持续的时间也更长，而且没有固定的历法可供参考。不过，队员们还是会用到手表，比如测定埃本两个太阳的移动时间。他们还会用手表来计算工作期和休息期之间的间隔。但过了一段时间之后，队员们还是弃用了他们的计时装置，而改用埃本人的计时方法。虽然队员们带了一本10年日历，但他们还是把日子过糊涂了。

24个月后，赛泊探险队已经完全弄乱了时间，因为他们无法根据地球日期算出时间了。他们当初离开地球时调拨好了一座大钟，用来计算他们度过的时间。可那座钟是需要电池的，等电量耗光，钟就停摆了，而他们也忘了及时更换电池，所以，他们迷失在了埃本时间里。尽管队员们带了大量的电池，但电量在大约5

年后就全部耗尽了，埃本人也没有类似电池的东西。

曾经有人向康奈尔大学著名的天文学家卡尔·萨根（Carl Sagan）请教过有关赛泊行星运动导致计时困难的问题。关于这次咨询，匿名者说：

> 卡尔·爱德华·萨根博士是签约协助我们的主要地球科学家（天文学家）之一。起初，他是科学家团队中最大的怀疑论者，但随着他们慢慢分析信息，萨根博士开始变得中立起来。我不能说他完全接受了所有数据，但他确实认可了最终的任务执行情况报告。

维克托·马丁内斯在赛泊网站上发布了以下关于卡尔·萨根参与该计划的"实事快报"：

> 卡尔·萨根1934年11月9日生于纽约市布鲁克林，1996年12月20日因骨髓癌于华盛顿州西雅图辞世。他是美国天文学家、教育家和行星科学家，曾任康奈尔大学行星研究实验室主任。
> 人生印记：萨根博士在赛泊计划的中期受邀加入，并于1980年参与撰写该计划的任务执行情况报告。有人认为，他1985年的畅销书《超时空接触》就是根据他所掌握的人类历史上最机密项目的内幕而写的——这是一项人类与外星人之间的交流计划，而且他还在该计划的任务执行情况报告上签署了大名！多年后，他的书在1997年被翻拍成同名电影，由朱迪·福斯特担纲主演。

萨根因1969年与约瑟夫·艾伦·海尼克博士就不明飞行物调查是否应被视为严肃科学进行的公开辩论而闻名，该辩论由美国科学促进会赞助。萨根辩称其为伪科学，并获得最终胜利。可大约一年后，当他受聘成为赛泊项目顾问时，他不得不重新审视自己的观点。此外，萨根还与著名科学家兼不明飞行物调查员斯坦顿·弗里德曼（Stanton Friedman）在同一问题上争论不休，后者曾与萨根一同在20世纪50年代于芝加哥大学学习物理。不过，尽管萨根在1980年为赛泊计划撰写一部分任务执行情况报告时已经参与该计划很久了，他仍在自己1985年出版的畅销书《宇宙》（*Cosmos*）中说："我们坚持认为，无论是现在还是将来，都没有可信的证据表明有外星人曾造访过地球。"

卡尔·萨根，康奈尔大学著名天文学家，人们普遍认为其对不明飞行物持怀疑态度

我们现在知道，萨根在外星人问题上其实并不是两面派。为了避免他在康奈尔大学天文系的地位和他的专业形象受到影响，他不得不在公共场合对不明飞行物持怀疑态度。康奈尔大学的天文学研究很大程度上依赖于政府的资助，尤其是来自宇航局的资助，一旦他的真实信念被揭露，一切资助便可能会终止。事实上，萨根是美国对外关系委员会的成员，而且据说他还有可能是MJ-12的成员呢！

他对外星人真正的兴趣在他的畅销书《超时空接触》中体现得淋漓尽致，而这本书后来在1997年被拍成电影，由朱迪·福斯特和马修·麦康纳担纲主演。

萨根是个才华横溢的人。他的作品《伊甸园的飞龙》（*The Dragons*

of Eden）于1978年斩获普利策非虚构类作品奖。为了永远纪念他，在纽约州伊萨卡市中心，也就是康奈尔大学所在地，人们设立了一条名为"萨根星球之路"[①]（Sagan Walk of Planets）的步行道。

具有讽刺意味的是，到头来还是他让全世界的公众意识到，在"数十亿个"其他世界中可能有生命存在。但他特立独行，就当时的大众认知而言，他如同在一条羊肠小道艰难前行。不过，他成功找到了正确的方向，也收获了历久不衰的名声，可谓实至名归。

关于赛泊星球运动影响到时间测量的问题在网站上引发了热议。附录4中汇总了所有相关评论，并尝试从外行的角度加以理解，让讨论变得更有条理性。

《超时空接触》电影海报

---

① 萨根星球之路是一条以太阳系为模型的步行道，位于纽约州伊萨卡市中心。它将太阳系的各大行星按50亿分之一的比例依次排布，从位于伊萨卡公地的"太阳"站开始，到位于科学博物馆的矮行星"冥王星"站结束。每个"行星"站都设有该星球的比例模型和一块介绍铭牌。

899与754之死

探险队指挥官的日记仍在继续:

  Ebe2在宴会结束后顺道来拜访我们,她很担心754。754病了,但他已经康复,我们不知道他得了什么病,不过在700给他用了青霉素之后,他就好了。我们来这儿以后都得过这样那样的病,除了899,那家伙简直百毒不侵。他从没生过病,哪怕是感冒也没得过。706[700]和754一直在详细记录每位队员的身体状况。自从抵达赛泊星球,我们一直在努力坚持健身打卡。有时我们非常自律,可偶尔也会偷个懒,但每个人的状态都还不错,至少身体状况良好,但要说精神状态那就是另外一回事了。有些队员很想地球,我也一样,但没有人因此而精神崩溃,或者需要700和754提供任何形式的心理帮助。我们筛选队员的机制太棒了!保持忙碌是我们的一剂良药,我们一直让自己处于极度忙碌的状态,为完成使命不停地探索。

  这篇日记是指挥官在访问赛泊星球大约第三个地球年写的。此后不久,他在日记中提到的两名队员就相继去世了。899(安全员)是第一个在赛泊星球上去世的人。显然,他的死亡是在指挥官写完这篇日记后突然发生的,可讽刺的是,指挥官在日记中说他"百毒不侵","从没生过病,哪怕是感冒也没得过"。匿名者完整地叙述了899的死亡事件,以及埃本医生是如何尝试复活他的。

  当我们的一位队员在一次意外事故中丧生时,赛泊探险队与埃本人的沟通很不顺畅。这名队员当场死亡,所以也来不及对他提供医疗救助。我们的两名医生检查了这位成员的身体,确定死因是意外跌落。起初，埃本人没有干涉我们的治疗，也没有主动提供任何医疗服务。然而，当埃本人——一个非常仁慈且有爱心的种族，看到我们的队员在哭泣时，他们就立刻伸出援手，尝试进行某种医疗救助。尽管我们的医生认为这名探险队成员在医学上已经死亡，但他们还是允许埃本人用他们的医疗方法来试一试。整个沟通过程要么是通过手语，要么是通过那些懂英文的旅行者[①]帮忙翻译才得以进行下去。

　　埃本人将这名队员的遗体运到了这个大型社区的偏远地带，随后又将遗体送进一座高大的建筑中。这显然是他们的医院或者医疗中心之类的。埃本人用一张大型检查台对遗体进行检查。他们投射出一道巨大的蓝绿色光束将遗体从头到脚扫了一遍。他们盯着一块像电视屏的大屏幕看，上面显示的内容是用埃本语写的，我们的队员都看不懂。然而，屏幕上还出现了一幅类似心率图的图形，那条实线没有任何波动。我们的医生明白，他们的仪器检测出了相同的结果：没有心跳了。埃本人用针向遗体注射了一些液体，这样反复操作了几次，心脏终于开始跳动了。

　　但我们的医生很清楚，身体内部的器官已经损坏了，但他们不知道怎么向埃本人解释这些。最后，埃本人做了一个手势，把双手放在胸前，并低下了头。埃本人向我们表示了哀悼。在当天最后一个工作时段，埃本人为我们死去的队员举行了一场仪式，和埃本人去世时的仪式一样。我们的队员也举行了自己的悼念仪式，埃本人也参加了，他们对我们的宗教仪式非常好奇。一名队员充当牧师的角色，主持了这场仪式。我们将永远感激埃本人对我们死去同伴的关怀。

---

① 旅行者是指那些拥有一定英语能力的埃本人。——原书注

第二起死亡事件也发生在指挥官写下那篇关于宴会的日记后不久，死的是其中一位医生，死因是肺炎。我们知道在指挥官写那篇日记时他还活着，因为日记里提到了两名医生。我们可以合理推断死的是754，因为我们在那篇日记中得知他病了，而另一位医生700为他实施了青霉素治疗。

埃本人眼中的死亡

埃本人也会死。我们的队员们见过一些埃本人的死亡，有的死于意外，有的则是自然死亡。埃本人会把尸体掩埋起来，这一点和我们差不多。我们的队员目睹过一起导致4名埃本人丧生的空难事故。埃本人在坠机地点举行了一场仪式，之后将尸体运到医疗中心并进行了检查。只有在休息时间，埃本人才会关上门保护隐私，而在其他的时间，他们都允许我们的队员跟着。

我们的队员从这些失去同胞的埃本人眼中看见了悲伤。随后，当那天最后一个工作时段结束后，埃本人举办了一场"葬礼"，至少我们的队员是这样认为的。他们的遗体用白布裹着，并被泼洒上几种液体。许多埃本人围成一圈，开始念经。这种声音简直快把我们的队员们听吐了。仪式持续了很长时间，最后，他们把遗体抬进金属容器中，并埋在距离社区很远的地方。葬礼结束后，埃本人会举办宴会。一大桌一大桌的食物，每个人都大快朵颐。人们有的跳舞，有的玩游戏。据队员们的观察，这种情况在每个埃本人死后都会发生。

通过匿名者的以上描述，我们了解到在埃本人眼里，死亡是一种灵魂脱离肉体束缚得到释放的美好过程，由此可见，这种观念似乎并不局限于爱尔兰人之中，而很有可能是整个银河系中的普遍认知。

极权与宗教

从匿名者以下的评论中，我们可以了解到埃本人的宗教习俗。在一个极权国度里，宗教仪式盛行且固化的现象并不稀奇，比如墨索里尼统治下的意大利就是个例子。事实上，这种情况完全在意料之中，因为执政当局常常在背后起到了推波助澜的作用。毕竟，当民众相信社会的规章制度来自某种至高无上的力量时，他们更容易服从约束。所有的埃本人每天都必须在指定时间参加礼拜，在我们看来，这无疑是统治阶级的另一种控制形式，尤其是我们发现这种习俗传遍了这个星球的每一个角落。毕竟，哪里有信仰自由，哪里就会产生意见分歧。

> 埃本人敬奉一个至高无上的神灵，它似乎是跟宇宙有关的某个神。他们每天都会做礼拜，时间一般选在第一个工作时段结束后。他们会去一座类似教堂的建筑里敬奉那位神。

星球大战

匿名者给我们讲了埃本人的一场星球大战。或许，乔治·卢卡斯在写《星球大战》(见附图19) 的剧本时已经知晓了埃本人的这段历史：

> ……成千上万的埃本人在那场星球大战中丧生……埃本人与他们的一位敌人奋战了一段时间。我们的队员估计那场战争至少

持续了一个世纪，当然，这是用地球时间衡量的。战争中两个文明都使用了粒子束武器。埃本人最终摧毁了敌人的星球，歼灭了剩余的敌军。埃本人提醒过我们，银河系中有几个外星种族是不怀好意的，埃本人就离他们远远的。赛泊任务的执行情况报告中没有提到那位敌人的名字，或许他们已经灭亡了。

这些信息有助于我们理解为什么埃本人的军队如此强大且处于社会主导地位。很显然，这场大战过后，民众精神上都受到了极大的创伤，因此他们非常愿意继续接受军事政权的统治。有关粒子束武器的更多信息，请参阅第十七章。

第十五章　探索发现

在本章中，匿名者详细介绍了赛泊星球的历史、地理环境和特征。括号中的信息是维克托·马丁内斯补充的。有关赛泊星球的完整档案，请参阅附录3。

匿名者写道：

据估计，赛泊星球大约诞生于30亿年前。两个太阳的年龄约为50亿年，但这也只是一种推测。埃本文明估计有1万年的历史了，这种文明并非诞生于赛泊星球，而是从另一个星球进化而来。埃本人的母星遭遇了严重的火山喷发，为了保护他们的文明，他们不得不搬迁到赛泊星球，这距今大约有5000年……

赛泊星球上有夜晚，但没到伸手不见五指的程度[①]。该行星位于泽塔网状星系内[有两颗黄色的五等双星，与我们的太阳类似，位置靠近大麦哲伦星云]。这颗行星有两个太阳，但它们之间的夹

[①] 保罗·麦戈文（赛泊网站用户）发送的评论证实了这一点。他说："访客们的星球上从来没有过漆黑一片的时刻。天色只是暗了下来，但没有变黑。"——原书注

角很小，导致在这个星球上存在部分灰暗区域。

由于这颗行星是倾斜的，所以北半球的温度更低。它的尺寸比地球稍稍小一些，大气与地球上相似，也同样含有C、H、O、N（碳、氢、氧、氮）这些元素。泽塔网状星系距离我们约38光年……

在赛泊星球上，埃本人有百余个不同的村落或生活区，他们只开发利用了星球上很小的一部分。不过，他们在偏远地区开采矿产，而且在星球南部靠近水域的地方建有一座大型工厂。经我们的队员查明，这应该是某种水力发电厂。

保罗·麦戈文在他的评论中补充说："这个星球上遍布着各种小型社区。还有地下河流入开阔的谷底。"

畅行无阻

对于探险队在赛泊星球的适应情况，匿名者写道：

探险队抵达赛泊星球后，队员们花了几个月的时间才适应那里的大气环境。那段时间，他们出现了头痛、头昏和定向障碍等症状……赛泊星球的强光照也是个大问题。虽然他们有太阳镜，可仍然不足以抵抗刺眼的阳光及太阳辐射的影响。那里的辐射强度比地球上略微高一些，所以他们时刻都把身体挡得严严实实的……

最终，我们的探险队移居到了凉爽的北部地区。队员们使用的陆地交通工具有点儿像直升机，它的动力系统来自一台密封的能源设备，可同时提供电力和升力。操作方法很简单，我们的飞行员花了几天就学会了。埃本人倒是也有车辆，但他们的车是飘浮在地面上开的，没有轮胎（见附图20）。

保罗·麦戈文在评论中补充了以下信息："队员们从未受到这些外星访客的孤立或限制。他们可以随心所欲地旅行，想看什么就看什么。大约6年后，探险队移居到了那个星球的北部地区，那里的气候更凉爽，且植被丰富……那些外星访客为队员们建造了一个小型社区。"

匿名者是这样形容埃本科技的：

> 埃本人研发了一种新奇的电力推进系统。这对我们的队员来说闻所未闻，我想我们也从来没有真正明白它的原理。不过队员们成功地从一只真空罐中抽取了大量能量带回地球[参阅第17章]。队员们的生活区由几栋小型建筑组成，里面有一个小盒子供电，这个小盒子提供了我们所需的全部电力。可讽刺的是，我们携带的电气设备只有接通自己的电源才能工作……
>
> 队员们一遍遍地分析了埃本人的能源设备。由于没有科学显微镜或其他测量设备，我们无法理解这种能源设备的工作原理。但是，不管需要多少电量，埃本人的能源设备总能提供合适的电流和功率。我们的队员推测，那种设备应该带有某种调节器，可以感知所需的电流/瓦数，从而输出额定的电量（注：我们的队员带回了两台埃本能源设备用于分析）。

事实上，早在1947年，洛斯阿拉莫斯就拥有了一台这样的能源设备，是从第二个在罗斯威尔坠毁的飞碟中寻获的，但当时没人知道那是什么。直到1970年，科学家们终于意识到这是一种能源设备，但他们没弄明白它是怎样运作的。后来，当赛泊探险队在1978年将两个同样的装置带回地球时，他们才开始认真地做实验，以探究其工作原理，并尝试复制这项技术。科学家们把这种装置命名为"水晶方块"

(Crystal Rectangle，简称CR)。水晶方块中可以明显看到一个小圆点，每当它开始供电时，圆点就会移动。经过多年的实验研究，科学家们终于发现这个浑圆的点其实是一个带电的反物质粒子。关于水晶方块研究及复制实验的完整历史，请参阅附录5。

匿名者继续写道：

> 他们[赛泊探险队]还携带了电动剃须刀、咖啡壶、电暖器、DIM（没有解释这是什么东西）、国际商业机器公司（IBM）打字机、科学计算器、传统滑尺和科学型滑尺、基础数据采集记录器（Base Data Collection Recorder，简称BDCR）、3架尺寸不一的望远镜、传统及电动正切尺……清单上的物品不胜枚举。他们几乎带上了重量允许范围内所有能带的东西……

> 关于武器：他们就携带何种武器的问题进行了长时间的讨论，最后，他们发现埃本人似乎对此并不在意，于是，我们的队员决定还是带上一些武器，以防万一。嗯，肯定不是奔着战斗去的，因为我们显然寡不敌众，带上武器只是出于安全考虑罢了。别忘了，这12名队员都是军人，所以武器能让他们感到心安。顺便提一嘴：他们每把手枪只配了50发子弹，每支步枪只配了100发子弹。

赛泊星探秘

本节中所有信息均取自匿名者于2005年11月17日发送的第七封电子邮件。

> 我们的探险队里有两位地质学家（他们也是训练有素的生物

学家）。两位专家做的第一件事就是绘制整个星球的地图。他们先将星球对半一分为二，中间即赤道。紧接着，他们又标出北半球和南半球，并在每个半球上划分出四个象限，最后再圈出"南北极"，这是研究这颗行星最简单的方法。埃本人的社区大都位于赤道附近，只有少部分出现在赤道以北的北半球，且在四个象限均有分布，但两极地区未见其踪迹。

南极是一片沙漠，土地贫瘠，几乎没有降水，所以没有任何植被在此生长……那儿还有火山岩层，而且最南端的部分地区还有岩漠[①]。南极地区的气温约为32～57摄氏度。

从南极一路向北，赛泊探险队在第一象限发现了火山岩，这表明该地区曾经有过火山活动。我们还在那里发现了许多火山，以及多处裂隙喷发[②]的痕迹，还有水洼。经检测，水中含有大量的硫、锌、铜和一些未知的化学物质。

从东部地区来到第二象限，队员们发现了与之前几乎一模一样的火山岩区。然而，在靠近第二象限最北端的一个地方，他们又发现了一块盐碱滩。在地球上，这种地形是海水涌入沙漠或干旱地区形成的。队员们发现厚厚的碱盐下面是坚硬的泥地，这里生长着一些植被。

进入第三象限后，队员们发现了一片不毛之地。这里十分干旱，植被稀少，布满了一道道陡峭的峡谷，这些峡谷深不见底，有几条深度可达900多米。队员们在这里发现了在赛泊星球上看到的第一只动物。那东西看着像犰狳，很有攻击性，有好几次试图攻击队员。埃本向导用一种发声器（定向声波）把那家伙吓跑了。

[①] 荒漠区岩石裸露的山地。

[②] 火山喷发的一种类型，指岩浆从地面上很长的裂隙中喷出。

来到赤道地区，队员们发现这里的沙漠长着成片的植被。到处都有水从自流井①中源源不断地喷出地面。这种水是最新鲜的，里面只含有一些未知的化学物质，味道也不错，埃本人喝的用的都是这种水。但我们还是把水烧开了才喝，因为在微生物检测报告中，我们发现了一些未知的细菌。

进入北半球后，天气和景色都发生了巨大的变化。一个在北半球创造了"第一象限"的队员，把第一象限命名为"小蒙大拿州"。队员们在这里发现了一种树，长得类似地球上的常青树。埃本人会从这种树上提取一种白色汁液来喝。这里还有其他各种各样的植被和一些从自流井或裂隙中喷发形成的水洼。此外，我们还在一个地方发现了沼泽，那里长着高大的植物，埃本人以这些植物为食。它们的球茎巨大无比，吃起来味道很像甜瓜。

蒙大拿州的自然景观，与第一象限景色类似

---

① 在地面低于承压水位时，承压水涌出地表而形成的一种地质现象。

移居第一象限

我们的探险队最终搬到了位于北半球第一象限的一个区域。这里温度适中[约10 ～ 26摄氏度]，树荫繁茂。埃本人为队员们建造了一个小型社区。在剩下的日子里，队员们对赛泊星球的探索基本都是从这里开始的。这支探险队只去南半球考察过一次，并获取了地质信息。考虑到那里的酷热天气，他们决定不再冒险前往，而是继续对北半球进行探索。

越往北极走，气温骤降得越厉害。一路上，队员们发现了海拔高达4572米的山脉，和低于探险队设定的"海平线"基准的山谷。他们还在郁郁葱葱的绿色田野中发现了一种长着球茎的草。他们给这片田野取名为"三叶草地"，尽管那根本不是三叶草的球茎。

北半球的辐射强度低于赤道和南半球。北极地区气候寒冷，队员们在那里第一次看见这个星球的雪。北极附近覆盖着厚如毛毯的积雪，最厚处约有6米厚，气温常年保持在0.5摄氏度[①]。队员们从未发现过这个地区的温度有什么变化。埃本人无法忍受在这里待太久，因为身体会出现严重的失温症状。探险队的埃本向导始终穿着一件内置发热器的外套，看起来与太空服类似。

我们的队员在这里找到了曾经发生过地震的痕迹。在南半球大陆的最北端，队员们发现了断层线，而且岩体表面的层裂现象表明这里曾经有岩浆流过。队员们带回了数百份样品供地球科学家检测，其中有赛泊星球的土壤、植被、水和其他一些物品。他们在探险过程中还发现了形形色色的动物。长相最怪异的莫过于

---

① 按常理来说，在0.5摄氏度的气温下，6米厚的积雪似乎不太可能保持终年不化，这可能是这个纬度上没有阳光直射造成的。——原书注

那种长得像大公牛的野兽了，但它非常胆小，而且从未见过它攻击其他动物。

还有一种动物看起来很像美洲狮，但它的脖子上多了一圈长长的毛。这种动物好奇心很重，但埃本人认为它并没有攻击性。

在对南半球第四象限的探索中，队员们发现了一种又长又大的生物，看起来很像蛇。埃本人说这是一种致命的生物。它们的头很大，眼睛和人类的非常像。我们的队员唯一一次动用武器就是为了杀死这种生物。埃本人似乎并没有因为我们的队员杀死这种生物而气恼，他们气恼的是队员们使用了武器。赛泊探险队携带了4把点45口径①柯尔特（标准军用型）手枪和4把M2卡宾枪。

越战时期军用型柯尔特点45自动手枪

_____

① 点45口径即约11毫米口径。

队员们把这个生物打死之后对其进行了解剖。它的内部器官很奇怪，与地球上的蛇完全不同。这种生物体长约4.5米，直径约0.45米。队员们都对它的眼睛很感兴趣。经过一番检查，他们在它的眼睛里找到与人眼相似的视锥细胞。它的眼睛里有虹膜，眼后还有一根巨大的神经，类似那根通向其大脑的视神经。它长着一颗硕大的脑袋，比地球上所有蛇的脑袋都大得多。队员们原本还想吃这种生物身上的肉，但埃本向导十分礼貌地告诉他们"吃不得"。

据我们所知，赛泊星球的水域中没有鱼类。不过，在赤道附近的几处水域中，倒是生活着一些样子奇特的生物，它们长得很像海鳗（但个头很小，约2～20厘米长），有可能是陆地上那种"蛇"的近亲。此外，在沼泽区附近有一片类似丛林的地带，但并不是我们熟悉的那种丛林。

"覆盖全美"

以下内容来自匿名者于2005年12月8日发表的一篇题为"帖子10a"的帖子。这是他在前一天晚上听完《覆盖全美》广播节目对空军特别调查办公室的退休特工理查德（里克）·C. 多蒂（Richard C. Doty）和赛泊网站创建者比尔·瑞安关于"水晶骑士计划"的采访后写下的。

是的，我听完了整期节目。之前从来没听说过这个叫乔治·诺瑞（Gorge Noory）的家伙，他似乎是一个非常开明的主持人，这让我和国情局的同事们都倍感欣喜。这期节目简直让国情局上下都炸开了锅！比尔[瑞安]和里克[多蒂]都表现得十分出色。我希望您[维克托·马丁内斯]也能上一期节目，谈谈您的看法，因为您比任何人都更了解我，也更了解这项计划，但我想这大概是我的奢望吧。

我今早给?先生[前美国政府官员，职责是确保在受控条件下向公众披露赛泊计划]打了一通电话。我发现节目中提到的那些动物与事实有出入。那种长得像犰狳的生物其实并不具备攻击性，队员们只是被吓了一跳。埃本向导用一种发声器（高频声波）就把那家伙吓跑了。这种生物的踪迹在那个星球的很多地方都出现过，有些体形较大，但没有攻击性，只有那种蛇形生物具备攻击性，所以队员们才不得不开枪射杀了一只。那种蛇形生物只生活在一个固定的地方，但除了被打死的那一只，队员们再也没见过其他的了。

至于鸟类，赛泊星球上有两种会飞的生物。一种长得像鹰，另一种像大号的鼯鼠[1]。这两种生物都没有攻击性，队员们本想抓一只用于科学研究，但从未如愿。

至于昆虫，赛泊星球上有一种类似蟑螂的小虫子，但个头比蟑螂要小。它们是无害的，不过有几只钻进了队员的设备中。它们外壳坚硬，身体柔软。队员们从未观察到任何会飞的昆虫，像苍蝇、黄蜂之类的。他们还发现了其他几种小虫子，并一一进行了辨认。

辐射

探险队指挥官很清楚他们正在遭受高强辐射的影响，而且他也在之前的日记中提到了这个情况。赛泊网站于2005年11月15日收到的一

---

① 形状像松鼠，尾长，能在树间滑翔，前后肢之间有薄膜，其膜宽而多毛。

条留言讨论了辐射问题。

　　我比较关心探险队受到的辐射影响，我想他们应该有某种辐射检测设备吧。当时，他们应该带了雷迪克（Radac）辐射仪，而且市面上还有放射量测定仪。我相信每位探险队成员应该都佩戴了一台，而且肯定会定期关注辐射值。鉴于这是一次军事行动，所以军方势必会派人担任探险队的健康检测员，而很有可能就是那两位医生。如果队员们意识到他们遭受了大量的辐射，他们为什么不向埃本人反映这个问题呢？如果埃本人真的那么善良，说不定他们会为队员们提供某种形式的保护，或者给他们吃一些抗辐射药物之类的。或者，如果队员们承受的辐射量达到了极限，埃本人为什么不干脆把他们送回地球呢？我的一位前同事认为那里的辐射也许很特殊，其波长与地球上的辐射波波长不同，所以队员们没有记录到那种特定的辐射量。

　　他们决定留在第一象限的另一个原因是北半球的辐射水平较低。这是有道理的，因为通常受到阳光直射少的地方，其辐射水平也相对较低。队员们在赛泊星球上剩余的7年时间一直是在北半球度过的。然而，这并没有从根本上解决辐射问题。匿名者说：

　　在赛泊星球居住的那段日子里，每位队员都遭受了大量的辐射。他们当中大部分人之后都死于辐射病。

现代的放射量测定仪

第十六章　归途

　　队员们在赛泊星球上驻留了13年。由于无法掌握地球时间，他们不得不为此额外付出3年的时间。当他们身上所有的计时设备都失灵后，他们拼命尝试将赛泊太阳旋转一周的时间与地球旋转一周的时间对应起来，可怎么都找不到规律。

　　他们知道，赛泊星球的一天相当于地球上的43小时，因此要把赛泊星球的一个月用地球单位换算，需要用43乘以30.2再除以24，得出地球上的54.11天等于赛泊星球的一个月。所以，他们只能把每30.2个赛泊日标记为一个赛泊月，赛泊月个数乘以54.11，得出地球上对应的天数。但不知什么原因，他们的记录出了问题，也无法准确重置数据。尽管他们规划完美，纪律严明，可出现这种情况也不难理解——要通过两个太阳的旋转来计算赛泊星球的天数，实际操作要比想象中困难得多。更何况，怎么可能精准测量一天中20%的时间呢？

7人返回地球

赛泊探险队于1978年8月18日返回地球。但是只回来了7个人[1]。有3人死亡，其中一人死在了前往赛泊星球的途中，另外两个死在了赛泊星球上，还有两人决定留在赛泊，在那里度过余生。匿名者回答了为什么那两名队员决定留在那里的问题。他说：

> 为什么有些队员留下来了？任务执行情况报告中提到，队员都是自愿留下来的，他们爱上了埃本文化和赛泊星球。他们没有接到必须返回地球的命令。剩余的探险队成员[那两名留在赛泊星球的队员]一直与地球保持联络，直到大约1988年，就再也没有收到他们的任何消息了。死在赛泊星球上的两名队员[899和754]被装进棺材安葬了，但他们的遗体最终被送回了地球[2]。

关于任务执行情况报告，匿名者是这样描述的：

> 从1978年到1984年，这些返回者一直被隔离在各种军事设施中。空军特别调查办公室不仅负责他们的安全保障工作，还负责与这些返回者一起完成任务执行情况报告的整理工作。

一个自称"匿名者2号"的人在赛泊网站上发表了以下评论：

---

[1] 在这一点上存在混淆。匿名者曾多次表明，共有8名队员返回了地球。但这个说法不合理，因为我们从指挥官的日记中获悉有3名队员死亡了。——原书注

[2] 当然，这一点似乎于理不合。他们似乎不太可能把两具埋好的尸体再挖出来。鉴于埃本人的生物科学技术水平，那两具尸体极有可能被设法保存了起来，就像我们对埃本人尸体所做的那样。埃本人知道赛泊探险队将会在1975年离开，所以他们只需要将遗体保存大约7年，但后来实际保存了10年。——原书注

我们确实有一个特殊的部门来处理他们的任务执行情况报告，但美国空军的情报人员也积极参与了进来。虽然我从来没有参与过，但我认识那些参与的人。

人们普遍认为，对返回队员的盘问持续了整整一年的时间，他们提供的信息被整理成了一份3000页的文件。匿名者声称自己拿到了那份文件，并把从中收集到的所有信息发送给了维克托·马丁内斯。里克·多蒂2006年在为《不明飞行物杂志》撰写的一篇文章中对此发表了评论[1]：

> 我们必须记住，匿名者先生是不可能把这份3000页的报告像西尔斯商品目录[2]（Sears catalogue）那样直接放在他家客厅的。可想而知，这份报告必定受到了最严格的安全保护，没人知道如何才能拿到它。有一种假设是，甚至连匿名者先生也拿不到这些文件，而他所披露的一切信息可能都依赖于他的记忆，或者其他人的记忆，又或者是有人通过匿名电话或录音带的方式向他提供的。

这或许能解释那些信息不对称的地方。然而，在与外星人接触方面，匿名者是一位非常称职的历史学家。本书序言部分详细介绍了他与《红皮书》（政府与外星人接触的完整历史记录）之间千丝万缕的联

---

[1] 多蒂通常被认为是知晓一切关于不明飞行物机密信息的局内人。他与前空军情报官罗伯特·M. 柯林斯（Robert M. Collins）合著了《豁免披露：不明飞行物的黑暗世界》（*Exempt from Disclosure: The Black World of UFOs*）一书，2001年已修订第三版，由博雷克林通信公司（Peregrine Communications）出版。柯林斯曾供职于俄亥俄州赖特-帕特森空军基地外国技术部，担任理论物理学首席分析师。该书提供了关于几项绝密空军计划，其中包括在洛斯阿拉莫斯国家实验室开展的一些项目的可靠内幕信息。——原书注

[2] 西尔斯商品目录为美国百货巨头西尔斯公司的商品目录，其涵盖了你能想到的所有商品。

系。根据匿名者的说法，整个赛泊探险队（包括留在地球上的那些替补队员在内）的最后一名幸存者于2002年在佛罗里达州去世。

队员日记

2006年8月，比尔·瑞安收到以下来自美国情报部门的匿名消息，并于2006年8月30日将其发布在赛泊网站上。消息称："那些提到队员日记内容的帖子里的每一条信息都百分之百准确无误。我已查明，这些日记都是真实的，而且是从队员们录制的官方录音带中转录出来的。一共有5419盘这样的录音磁带。我曾在一个受到严密保护的环境中看到过那些磁带，还听了其中一盘。

"我很清楚这些日记都是真实的。因为我曾经看见过那些磁带，还听完了其中一盘的内容，恰好是指挥官本人的录音①。试想一下，怎么可能有人伪造得出5419盘时长各90分钟的磁带呢？做道算术题：要伪造出这些录音带需要耗费338天的时间。这种政府专用的磁带如今在市面上已经买不到了，它们当时是军用品，直到1968年才面向公众出售。队员们带回了整整60个大箱子，差不多每个箱子里装着100盘时长各90分钟的磁带。

"这些磁带是队员们离开地球远赴赛泊执行任务的那些年录制的。每位队员都有一台录音设备，供他们记录自己的观察和体会。他们返回地球后，花了7年时间才把它们全部整理成文字。

"看看那些试图摧毁这个奇幻的真实故事的批评家。如果我是这些

---

① 我们之前看到的几篇指挥官日记都是手写的，所以很明显，他采用了手写和录音两种记录方式。这些手写日记是在执行赛泊任务的第一天和第二天写的。很有可能他在不久之后就换成用磁带来记录了。——原书注

信息的保管人，我才不会将它们透露给任何人呢……除非是通过新闻媒体向公众披露，那就另当别论了。在不明飞行物圈子里，有部分人根本不相信这个故事，看来只有让上帝亲口告诉他们了。"

照片

队员们在赛泊星球上所拍照片的披露过程非常曲折。维克托·马丁内斯费尽心力，希望能从赛泊探险队带回的三千多张照片中挑选出最好的100张，并公布于众。尽管他和比尔·瑞安，还有匿名者一起为之付出了不懈的努力，但他们处处受阻，每一步都走得无比艰辛。最终，他们不得不认输。匿名者最后还是给马丁内斯寄了一张存有6张照片的电脑光盘，但正如下文所示，其中5张照片遭到了损坏，最后只剩下一张可疑的照片幸存下来。阻止公开这些照片的力量实在太过强大。

以下简短的时间线描述了匿名者提供6张照片的前因后果，其中还直接摘录引用了维克托·马丁内斯在"披露22"帖子中所写的内容。之所以将那些内容转载到这里，一来是为了让读者们体会到获取和发布这些照片的过程有多么复杂，二来也是为了反驳那些因为没有看到照片而怀疑整个赛泊故事真实性的人。

星期六下午晚些时候[2006年12月9日]，我打开我的邮政信箱，在里面一个不起眼的包裹里发现了一张光盘。我立刻就明白了这是什么，我拿着它直奔金考快印店查看里面的内容。由于我连怎么把光盘插入电脑也不懂，所以我当即"雇用"了一位店员帮我打开光盘，看看里面有哪些内容是我想要/需要的。我按每小时20美元支付他报酬，这可比他在那家店挣的时薪要多多了。光盘里每张图片/每份文件的大小都有13.946兆，我的网络电视接收

214

不了，因为它的总容量只有10兆。我让他为我打印了两套彩色照片，然后就赶紧离开了那里。离开前我告诉他和其他好奇的员工，他们看到的是SKG① [斯皮尔伯格、杰弗瑞·卡森伯格和大卫·格芬]拍摄的好莱坞未来题材科幻电影中的图片。

2006年12月11日，星期一：我连夜把光盘寄给了一位曾在国安局从事通信情报数据/照片/数字分析的退休人员 [在马里兰州林西库姆退休]。

"日落" 照 (彩照见附图14)

---

① 全称为DreamWorks Animation SKG,Inc，即美国著名的 "梦工厂工作室"，始建于1994年10月，SKG是三位创始人史蒂文·斯皮尔伯格、杰弗瑞·卡森伯格和大卫·格芬名字的首字母缩写。

本次"赛泊照片披露"事件从2006年9月就开始了。当时我手头只有"日落"的照片[1]可以提供给比尔[瑞安]和凯瑞[卡西迪]。比尔给我开通了一种叫FTP的文件传输渠道，可以直接连接到赛泊网站（SERPO.org），因此我告诉他，我会让我那位国安局的朋友直接将照片上传到他的网站上。

12月14日，星期四：我那位国安局的朋友在下午6点左右给我打来了电话，[遗憾地]告诉我说，匿名者发来的照片有很大的问题。他的话瞬间将我击溃，我感到极度失望和沮丧，我们这通电话一直打了4个钟头。

12月15日，星期五：上午10点24分，我将拷贝了原始未压缩照片的光盘副本邮寄给了比尔，至此，我手上一份副本都没有了。

12月15日，星期五：晚上8点左右，我那位国安局的朋友已将所有[压缩的]照片成功上传到了比尔的赛泊网站上。

12月17日，星期日：下午1点30分，我刚吃过早午餐，比尔打来的一个电话让我震惊不已，他告诉我说他的赛泊网站被人入侵了，其中的两张照片被发布在了辟谣网站（Debunking Web）上！照片还被打上了"伪造"字样。如此一来，比尔和我，还有我那位国安局的朋友都明白了：我们再也不能为照片的真实性翻案了。值得注意的是，这位电脑黑客（可能来自英国）盗取的照片并非我从匿名者那里得到的原始照片，它们是被压缩的JPG格式的文件，而且我们通过另一个内置安全功能，立马发现这些照片来自比尔的网站——我收到的原始光盘里的照片有着完全不同的文件名，因为我那位国安局的朋友在把照片上传到比尔的网站时，

---

[1] 这张照片似乎是历经艰难的协商谈判后唯一幸存下来的一张真实的赛泊星球照片。照片左下角有一块区域被涂黑了，这表明有人不希望展示照片的细节，而这也从侧面印证了照片的真实性。除了此处，附图14也展示了这张彩照。——原书注

为了配合网站图片的命名规则，已经将它们重新编号了。由此，我们才知道黑客是从比尔的网站上非法盗用了这些照片。

我们最终敲定了发布照片的时间计划，比尔在亲自看过这些照片之后告诉我（请记住，他在周四午餐时还没有看过这些照片），他决定改变自己原来的立场，在得到匿名者进一步澄清之前，暂时不对外公布这5张照片。注意：目前只有这张"日落"（100张照片中的第94张）得以公开。我告诉他我完全支持他的决定……无论他此刻做出何种决定。我信任、支持并再次肯定了他的判断。

主题：来自马里兰州米德堡国家安全局的退休通信情报分析师的报告/对6张赛泊星球照片的分析报告，2006年12月17日/回复：将6张照片转换为JPG格式

摘要：对提供的6张数字格式的照片进行处理后，分析师得出的结论是，对这6张照片还需要做进一步调查、分析与核实，它们在许多技术方面缺乏可信度。这些照片的质量远低于宇航局/喷气推进实验室（Jet Propulsion Labs，简称JPL）20世纪60年代的质量标准。且对于为什么要把这6张照片归为一组也没有给出充分的解释。作为披露赛泊事件的佐证，这6张照片的可信度并不高。

照片处理细节：提供的6张照片原始格式是BMP格式，文件名按"serpoimages0001.bmp"至"serpoimages0006.bmp"依次编号。文件未加密。将原始照片转换为JPG格式的过程中，为了方便内部参考，按照更复杂的编号方案对文件名进行了更改，这是为了避免今后收到多张同名的图片。照片上的标记表明这组原始照片来自"第12卷，第24节"[博林空军基地，"赛泊计划"案件卷宗]。

所有图像（包括任何多余的空白区域）像素均为1700×2800，

每张大小约14.3兆。为了便于在网页上显示和检索，这些照片的宽度被压缩至800像素，高度范围按比例调整为427至935像素。这些照片在转换为非渐进式JPG格式后，整体被压缩了15%，因此相应降低了画面中2%的红色，以补偿色差。

除了对多余的空白区域进行裁剪，我特意没有使用任何软件过滤器和标准技术对画面进行改善。#97号原始照片是上下颠倒的，因此我将它旋转了180度。未对原始的6张BMP格式照片进行详细的隐写分析，但这些照片上存在明显的莫尔条纹，尤其是#94a和#94b这两张，通常，这是扫描彩色半调图片时会出现的现象。相比像素较小的JPG格式，这种图案或干涉纹在BMP格式文件中会更明显。

这种莫尔条纹与直接扫描35毫米摄影胶片或连续色调打印的数字格式图像所产生的条纹是不同的。相比之下，这种莫尔条纹（和#98号和#99号照片上明显的不规则黑色边框）与从书籍、杂志等印刷品上粗略剪下并扫描得到的图片上的条纹是一致的。

——国安局退休分析师

埃本人的后续回访

在匿名者的"披露32"邮件中，他给出了埃本人在过去和未来访问地球的日期。这也证实了赛泊探险队是在1978年返回的地球，而这趟赛泊之旅自他们出发之日算起一共耗时13年零1个月。埃本人前六次访问地球时参观的都是内华达试验场。

来自泽塔网状星系的埃本人曾经/即将到访地球的具体日期如下：

1978年8月18日，星期五

1983年4月28日，星期四

1991年4月7日，星期日

1996年10月22日，星期二

1999年11月28日，星期日

2001年11月14日，星期三

2009年11月12日，星期四，于美国本土外一块无建制领地约翰斯顿环礁的阿考岛（AKAU Island）登陆。

位于中太平洋的约翰斯顿环礁

登陆约翰斯顿环礁

上个月，即2009年11月12日，星期四，埃本人造访了地球上的一个偏远地点，不是内华达试验场，而是鲜为人知的北太平洋荒岛——约翰斯顿环礁/岛。埃本人从[美军当地时间]早上6点至晚上18点一直在这片美国领土上进行友好访问，总共停留了12个小时。准确地说，这次会面地点是在阿考岛——庞大的约翰斯顿环礁的北岛，埃本人降落在该岛西北部的平坦地区。有17名来自世界各地的代表参与了这次与埃本人的会面。以下是来自我们星球——太阳系3号星球（Sol III，即地球）的代表名录：

1名梵蒂冈代表[见附图26]

2名联合国代表

9名美国代表（具体包括：1名奥巴马政府的白宫人员、2名美国情报官员、1名语言学家、5名美国军方人员）

其他国家/地区：

1名俄罗斯联邦代表

4名特邀嘉宾

共计17人

此外，双方还交换了一批非常特别的礼物。埃本人给了我们的6件有助于我们未来科技发展的礼物。作为回报，梵蒂冈代表向埃本人赠送了2幅12世纪的宗教主题画作。而且，除了之前已经计划好的2010年11月11日星期四在内华达试验场的正式访问，双方还约定在2012年11月再次会面。

220

高级教士科拉多·巴尔杜奇阁下（1923—2008），
梵蒂冈教廷中外星访客学说的主要拥护者（同附图26）

我们现在知道埃本人的确按计划于2010年11月11日回访了内华达试验场，但截至本书撰写之日，约定的2012年到访并未实现。维克托·马丁内斯提供了以下有关约翰斯顿环礁的信息：

约翰斯顿环礁的面积有130平方千米，是世界上最偏远的环礁之一，位于太平洋中北部，檀香山西南向约1200千米处。距离约翰斯顿环礁最近的陆地是法国护卫舰浅滩的众多小岛，位于西北夏威夷群岛东北向约800千米处。约翰斯顿环礁大约坐落于从夏威夷至马绍尔群岛三分之一处，坐标北纬16°45'，西经169°30'。那块珊瑚礁平台上有4座岛屿，其中两座为天然岛屿——约翰斯顿岛和沙岛（Sand Island），后来因对周围海域珊瑚的疏浚吹填工程而大大扩张了面积，而另外两座岛屿——北岛（阿考岛）和东岛（希基纳岛）则完全是经过对珊瑚疏浚吹填形成的人工岛屿。

约翰斯顿环礁是美国的一块非建制领土，由美国内政部下设的鱼类及野生动植物管理局管理，属于国家野生动物保护区体系下的"太平洋偏远岛屿海洋国家纪念碑"的一部分。约翰斯顿环礁受美国军方管控，所有岛屿均不向公众开放。在20世纪60年代，美国曾把这里作为核武器试验场，并在此进行了5次代号为"海星一号"的高空核爆实验，即"鱼缸行动"（Operation Fishbowl)，隶属于之前规模更大的机密项目——"多米尼克行动"（Operation Dominic)。

最终报告

我们知道，7名幸存的赛泊探险队队员于1978年8月返回地球，且在此后整整一年的时间里，他们一直在接受各种盘问。根据他们的汇报，我们整理出了一份3000页的任务执行情况报告书，并于1980年完成总结报告。如前所述，卡尔·萨根是任务执行情况报告的签署人之一。最终的总结报告连同任务执行情况报告书，以及其他所有与赛泊计划相关的文件、录音和照片被统一保存在位于华盛顿特区博林空军基地的国情局总部的保险库中。

为了帮助未来可能通过《信息自由法》（*Freedom of Information Act*）获取所有这些材料的历史学家，我们重点要做的是确认这份总结报告的联邦文件编号，关于这个编号仍存在一些争议。吉恩·罗斯克夫斯基（参阅序言和附录2）说具体编号是80HQD893-20。保罗·麦戈文（见序言）也同意这个说法，并补充说文件被归为T/S（绝密级），代号"绝密字码"。这个编号还得到了维克托·马丁内斯的证实，他说匿名者发来的也是同样的编号，而且，这与附录13中提到的视频《盒子里的电影》标题框中显示的编号一样。因此，我们完全有理由相信这就是真实的最终报告编号。

然而，在赛泊网站的评论中，那位表示"披露的大部分信息都真实可信"的作者却声称："最终报告被收录在一份叫作'QW'的文件中，标题是保密的，文件编号为#80-0398154。"虽然有大量证据支持前一个编号，但为了给今后的研究者提供尽可能准确的信息，我们还是记录了后一种可能。

至此，我们给这个非凡故事的最后一章画上了句号。我们知道，这趟赛泊探险之旅的最后一名幸存者于2002年在佛罗里达州去世。由于在赛泊星球上受到强辐射的影响，这些队员的寿命缩短了很多。然而，经历了"洗羊"之后，他们在活着的时候就已经"死了"，一切过往都烟消云散了。我们衷心希望他们的墓碑上能刻上真实的名字，好给他们的生命留下最后一丝尊严。如果他们死后也像生前那样，只拥有三位数编号作名字，那将是我们最不愿意看到的。我们会记住那几位昵称为"船长""空中之王""闪电侠""医生1号"和"医生2号"的队员。无论如何，他们作为人类勇敢穿越银河系的伟大先驱，已经在历史上留下了清晰的一笔。

尾声

　　我们从埃本科技中学到的东西颠覆了我们目前对物理学和生物技术的认知。这些知识之所以还没有"浸润"到地球上的各个行业，绝非因为我们的大学、企业和医疗机构没有做好将这些神奇的知识运用到实践当中的准备，而是因为受到国际关系、政治和经济因素的综合影响。事实上，我们的科学家已经从量子力学和高级电磁学等方面开始认识到这一宇宙新范式，我们的生物学家也即将在DNA生物技术上取得新突破。所以，今天我们是完全可以使用埃本科技的，也完全可以生活在一个乌托邦式的社会中。我们清楚地知道，一旦解决了那些错综复杂的地球事务，这些不可思议的突破性创新就在不远的前方等待着我们，这是多么振奋人心的事呀！我们已经可以驾驶反重力飞行器，并且运用干细胞技术来治愈许多以前让我们束手无策的疾病。这仅仅是个开始。在本书的这一部分，我总结归纳了主要的几类埃本科技。

　　虽然目前这些先进的科技仍对大众保密，但有一种科幻信息来源是脱离掌控的——至少，我们可以从那些科幻电影中了解到，有一种不可思议的生活方式在未来等待着我们。这些电影不仅激发了我们的想象力，也让我们的等待充满希望。它们让我们生活在一个虚幻的新世界里，直到它变成现实的那一天。而且现在，我们还意识到那些科幻电影或许是"公众习服计划"的一部分，影片讲述的或许全都是真实发生的故事。我相信1994年上映的科幻电影《星际之门》(*Stargate*) 就是一个很好的例子。

　　在1977年上映的由史蒂文·斯皮尔伯格执导的经典电影《第三类接触》中，有一幕是12名美国军事人员登上一艘外星飞船飞离地球前往遥远星系，这一充满未来感的画面让观众兴奋不已。虽然当时人们都认为电影是虚构的，但那一幕在冥冥之中让我们相信这一切可能会发生，也一定会发生。28年后，随着赛泊计划的披露，我们才知道那一切都是真的。考虑到这一点，我认为再回过头分析这部电影，并将其与现实进行比较，可以有助于我们了解，好莱坞科幻电影制作人是如何通过那些即使在今天看起来也不可思议的电影向我们展示未来的。最近非常成功的电影《阿凡达》（*Avatar*）就是个例子。我们现在可能越来越认为这些电影是科学事实，就像当年的《第三类接触》一样。至于那些电影人是怎样做到能如此详尽地预测未来的，这仍然是个未解之谜，或许只有当我们获得同样的能力和时机时才会找到答案，但我们都知道这是不可能的。

第十七章　埃本科技 Chapter 17

━━━━━━━━━━━━━━━━━━━━━━━━

　　虽说在本书的其他章节已经介绍了一部分埃本人最亮眼的先进科技，但对于其他一些卓越的埃本科技，匿名者只是简单提及，通常只是一笔带过，而没有给出详尽细节。因此，我认为有必要在本章罗列出那些埃本科技，理解其背后的原理。我们的政府自然很希望埃本人能与我们分享这些信息，鉴于这些外星人非常开放的合作态度，他们说不定已经帮我们开发出了这些技术。如果事实证明我们真的掌握了这些科技能力，你也不必对此感到惊讶。当然，像这样的研发工作肯定属于"黑色项目"，也就是那些隐藏在地下基地和选定的大学或公司机密实验室中进行的项目。以下列出的就是匿名者之前披露的埃本技术，对此我尽可能附上了已知信息和 / 或猜测。

　　一、自由能源。匿名者说："队员们成功地从一只真空罐中抽取了大量能量带回地球。"我们对这项技术的研发并不陌生。早在20世纪20年代初期，托马斯·亨利·莫雷（T. Henry Moray）博士（他在少年时期十分崇拜尼古拉·特斯拉）就制造了一台自由能源设备。它重约27千克，无视在功率输入，在数小时内就能产生50,000瓦的电力。尽管当时该设备引起了极大的关注，但美国专利局从未授予他专利。莫雷身边时常出现反对的声音，他也常常受到威胁，比如有人闯入他的实验室，抢夺里面的物品，他甚至在街上和自己的办公室里都遭遇过枪击。最近，物理学家托马斯·E.比尔登（Thomas E. Bearden）也一直在潜心于这项研究，并已研发出静止式电磁发电机（Motionless Electromagnetic Generator，简称MEG，见附图21）。这台设备没有任何活动部件。美国专利局于2002年3月26日对此授予了专利。根据比尔登的网站介绍，他最近实现了100:1的能量输出与输入比率。对此感兴趣的读者可以去看看比尔登977页的巨著《来自真空罐的能量》（*Energy from the Vacuum*，切尼尔出版社，2004年）。

二、**粒子束武器**。匿名者告诉我们，在埃本人和他们敌人的百年大战中，交战双方都使用了粒子束武器，最终埃本人取得了胜利并摧毁了敌人的文明。这些武器无疑类似尼古拉·特斯拉著名的超导力量射线（Teleforce Ray），大众称之为"死亡射线"。它们属于定向能武器，能够以接近光速的速度射出离子或电子，且每个单独的离子都具有高达10亿伏的电量（见附图22）。特斯拉在他的论文中说，他的粒子枪能够"通过自由空气发射集中的粒子束，其巨大的能量能在距离防御国边境300多千米的地方击毁一支由10,000架敌机组成的飞行舰队，不给他们留任何机动反应的时间"。集中粒子束会破坏目标物的分子结构。桑迪亚国家实验室（即桑迪亚基地）正在他们位于新墨西哥州柯特兰空军基地的离子束实验室中研制类似的设备。

三、**反重力陆地车**。指挥官在一篇日记中提到，埃本人使用的车辆都是悬浮在地面上移动的，所以没有轮子。当埃本人一步到位地使重达45吨的团队物资和设备"漂浮移动"到他们的穿梭飞船上时，我们便意识到他们有能力使重型设备失重。如今，我们已经研发出了反重力飞行器，将这项技术引入美国汽车工业并应用于陆地运输，似乎并不是一件难事，毕竟原理是相同的。电影观众对于大部分影院播放的电影片头中出现的这种车辆早已习以为常。这并非完全是异想天开，这只是借用科幻手段让公众提前感受这种即将到来的新事物的另一个案例。

四、**克隆与创造人工生命体**。国情局6人小组确认了我们曾经接触过的5个外星群体。匿名者在"披露23"邮件中也确认了这5种外星人。其中一名小组成员还向我们解释了这5种外星人的共同点。读者们可以由此了解到埃本科学家非凡的生物技术能力。

维克托：关于你问的外星人来自何方的问题，以下是美国政府已知并经过分类的所有外星人物种的清单：

·埃本人（Ebens）：来自泽塔网状星系的赛泊星球。

·安奇库人（Archquloids）：来自天鹅臂附近的彭特星球（Pontel）。

·奎德人（Quadloids）：埃本人用基因工程创造出的形似螳螂和蜥蜴的生物，来自泽塔网状星系的奥托星球（Otto）。

·黑普罗人（Heplaloids）：来自天鹅臂附近的丹马士星球（Damco）。

·特兰塔人（Trantaloids）：来自泽塔网状星系的希洛斯星球（Silus）。

注：丹马士星球和彭特星球都在银河系天鹅臂附近。丹马士星球位于一个拥有11颗行星的类太阳系星系，它是该星系由内往外数的第4颗行星，体积比地球稍大。彭特星球位于另一个类太阳系，那里的太阳跟我们的太阳差不多大，彭特星是该星系由内往外数的第5颗行星，体积比地球略小些。详见后附。

——匿名者

以下是国情局六人小组发来的另一封电子邮件：

埃本人和每个外星人群体之间存在两种联系。一是埃本人发現并教化了每个群体，然后将他们与其他外星种族进行"混血克隆"。这是一个极其复杂的话题，我现在不想过多讨论。虽然我们不知道全部细节，但总的来说就是埃本人提取了每个外星人群体的DNA来创造其他种类的外星人。

二是拥有相同的DNA。每个外星人群体都有"完全相同的DNA"。我们不知道这是怎么做到的。S-2区的二楼住着J-Rod外星人和另一群外星人[安奇库人]，那里有专门的分隔区域来安置每个外星人①。维克托，还有一件从未披露过的事情，是关于第二个外星人的名字，也就是受到枪击的那个外星人[安奇库人]的。美国政府将它命名为CBE1，即"克隆生物体1号"。这件事从未正式向公众披露过，所以现在你拿到的是"第一手"消息。

"安奇库"这个词是由A51[51区]的科学家创造的，用以区分出不同的外星种族。我们已知的（五类外星人的）信息都是由埃本人提供的。后来，我们为每个外星物种又起了别的名字，特别是那个曾在"3号门事件中"遭到枪击的安奇库人②。埃本人还克隆出了其他的外星人种族。正如我另外一个同事最近写信告诉你的那样，这是一个复杂的令人难以想象的故事。那个安奇库人就是由埃本人创造的"克隆生物体[CBE1]"。如果要解释清楚这一切恐怕需要花几百个小时或者写几千页的材料，我可不打算这样做。奎德人也是由埃本人通过基因改造创造出来的，是用另外两个外星物种的基因克隆的。你应该能看得出来，情况真的很复杂，因

---

① S-2区位于庞大复杂的51区之内，毗邻格鲁姆湖。J-Rod（或写作J-ROD）是基因改造后的埃本人，被送到此地供我们研究。匿名者对他的描述是，"J-Rod是由埃本人创造的生物。他拥有智力，有一个聪明的大脑，能够迅速适应我们的环境"。J-Rod能通过心灵感应与安奇库人交流（见附图17）。——原书注

② 那个安奇库人在逃离他的住所时在3号门杀死了一名守卫，然后被另一名守卫开枪打伤，伤势很严重，一年后就去世了。——原书注

此我不想谈得太深。

五、查看/记录历史事件。《黄皮书》是埃本人在1964年4月抵达地球时赠送给我们的礼物，书中展示了他们卓越的科技。以下是匿名者对这本神奇之书的完整描述。

《黄皮书》介绍：它是一件尺寸为20厘米×28厘米的物品，厚度约6厘米，由某种透明的玻璃纤维材料制成，材质很重，书本边缘呈亮黄色，因此得名《黄皮书》。

当你把书本拿到眼前时，你会看见文字和图像在你面前闪烁。你思考时用的是什么语言，它就能显示什么语言。迄今为止，美国政府已经确定《黄皮书》能显示80种不同的语言。

此外，它还能显示图片。《黄皮书》介绍了埃本人的生活点滴，他们对宇宙的探索，他们的星球，他们的社会生活，以及其他方方面面，其中包括埃本人与地球长期以来的关系。书中提到了他们曾在2000多年前第一次访问地球的事，并展示了地球当时的情况。它还提到一个埃本人曾以"地球人"[耶稣基督]的面貌出现。根据《黄皮书》的记载，是这位"地球人"创建了地球上的宗教[基督教]，并成为地球上首位"外星大使"。

《黄皮书》会一直源源不断地播放着图片与文字……我曾经连续3天，每天花12个小时不间断地浏览，也没能看完这本书。我认为没有人知道这本书到底有多少页，或者有任何方法能找到这本书的"结尾"。《黄皮书》没有尽头。据我所知，这本书的单次最长阅读纪录是大约22小时，由XX政府的总统科学顾问完成。此外，没有已知方法可以在某个特定的位置暂停阅读，所以不要想着能放下《黄皮书》，然后拿起来再接着读。一旦你放下《黄皮书》，稍后再拿起它，这本书又会从头开始播放。

虽然《黄皮书》能通过某种方式识别阅读者的语言习惯，但它无法照顾到每个人的特殊性。换句话说，"阅读"《黄皮书》最大的问题是一旦你放下它，就必须从头开始。比如，如果你之前花了12个小时读到第564页，然后把书放下了，等你再拿起来想接着读时，你将不得不从第一次阅读时显示的第一个单词和第一幅图像重新开始，并且只有等你把之前12个小时看过的内容全部再看一遍之后，新的内容才会出现。

我在前面也提到过，《黄皮书》记载的事件可以追溯到大约2000年前，但是，我没有读完整本《黄皮书》，而且我觉得没有人能把它读完。它里面可能有一些场景/图像/历史信息甚至可追溯到公元前2000年以前。

《黄皮书》具有以下几个特点：

它能读懂你的思维，从而确定你用哪种语言思考，然后以该语言显示文本。这意味着一旦它进入你的气场，就可以探测并进入你的精神领域，通过读取你的思维，从巨大的语言数据库中调取合适的语言并组织文本。

它能显示远至两千年前的实景图像。这就意味着埃本人有能力回到遥远的过去，记录下那里的场景。这本书存储和显示图像的功能倒并不十分令人惊奇，因为我们自己现在也正迅速地掌握这种能力，尽管在1964年，这的确像是一种奇迹。对于这种显示遥远过去实景图像的能力，还有另一种解释，那就是埃本人可以进入我们所说的"阿卡西记录①"，并且能以某种方式将他们在阿卡西记录里看到的事件记录下来。这种解释似乎更加合理，因

---

① 阿卡西记录，又称"生命之书"，是一种非物质实体，是记录着一个人前世今生的一切思想、言语与行为的生命信息库。

为埃德加·凯西[①]（Edgar Cayce）就能够有选择性地进入阿卡西记录。所以如果埃本人能做到这一点，他们就可以选择只查看和记录我们过去发生的重要事件。

它只记录了过去发生的有重大意义的事件，例如耶稣降临。

六、星际通信。匿名者说，洛斯阿拉莫斯国家实验室做过一个与"埃本访客"直接通信的高度机密项目，叫作"微光计划"（Project Gleam）。这是一种利用多频信号发射装置的新型通信技术。这些装置会向某个特定方位进行多频发射。高速发送系统能将电波波束以惊人的速度发射出去。我们对于这种技术的了解不多。洛斯阿拉莫斯国家实验室和几家合约商，包括EG&G、BDM、摩托罗拉、瑞斯本公司（Risburn Corporation）和桑迪亚国家实验室都参与了这个项目。相关设施建于内华达试验场40号基地。

有传闻说（只是我个人听到的消息），埃本访客为我们提供了这项技术，从而让我们能够用比以往更快的速度与那些埃本访客进行通信。这个项目有一部分涉及使用化学激光器来推动通信光束。

有人向我解释过，原理就是把多个频率放进一个波束，然后推向目标或接收器。再由接收器增强能量，并将信号转发至另一个接收点（可能是中继装置）。不知是什么原因，用化学激光器推动电波波束的速度比通用的方式要快得多。

七、翻译设备。埃本人1964年首次来到地球时随身携带了翻译设备。以下是匿名者的描述：

[①] 埃德加·凯西（1877—1945），美国最著名的特异功能者之一，也是20世纪公认的杰出预言家，他以能够在被催眠的恍惚状态下给人诊病而闻名，他还能在同样状态下为别人解读前世今生的命运，甚至预言未来。

埃本人有非常简陋的翻译器，看起来像某种带数码显示屏的麦克风。他们把一台翻译器交给美国政府的高级官员，自己也拿着一台。官员们对着翻译器讲话，屏幕上便出现了语音信息的文本内容，以埃本语和英语双语显示。

由此可见，这种设备是无线通信的。这在当时是一项相当了不起的技术，但如今我们早已达到并超越了这种水平。龙软件①（Dragon Software）现在能够即时将语音输入转换为书面文字，并显示在电脑或iPad屏幕上，然后通过无线方式发给另一个电脑或iPad。此外，谷歌现在也在其搜索引擎中添加了世界上各种最常用语言之间的即时翻译功能。与我们其他诸多技术的飞跃一样，这种能力可能是我们从埃本人那里学到的。

八、声学武器。正如探险队指挥官日记和前文所提到的，在赛泊探险队探索赛泊星球时，陪同他们的埃本向导用一种能发射声波的武器赶跑了一只路上遇到的危险生物。根据指挥官的描述，那是一种"长得像犰狳的生物"。目前，美国和其他国家都对声波武器的使用展开了大量的研发工作。我们已经具备了使用特定频率的声音来驱散人群的能力，还能使用强大的声波对人造成晕眩和神经损伤。由此可见，要研发出一种能置人死地的声学武器自然也不在话下。

---

① 纽昂斯公司（Nuance）旗下的一款语音识别软件。

美国海军研制的远程声学设备

第十八章 电影 Chapter 18

当我听说政府反对这部电影时，我立马有了自信。鉴于宇航局愿意花时间给我写一封长达20页的信，我断定这件事一定不简单。

——史蒂文·斯皮尔伯格

斯皮尔伯格跟我讲了这部电影的情况。他说是关于不明飞行物的，但不是科幻片。他称之为"科学纪实片"。

——鲍勃·巴拉班（Bob Balaban）
电影《第三类接触》演员

斯皮尔伯格的魔法

当人们开始意识到1977年上映的史蒂文·斯皮尔伯格的电影《第三类接触》可能改编自真实事件时，我们解读赛泊故事便有了一个新维度。这个在电影上映25年后才得以披露的赛泊故事带我们追忆了电影中的片段，二者的高度契合，加上电影本身里程碑式的成就，更让我们对这个故事信服不已。鉴于《第三类接触》已经成为一部永恒的经典，从电影的呈现角度来看，斯皮尔伯格的确十分擅长用一种与众不同的新现实主义风格来讲科幻故事。在斯皮尔伯格的电影中，那些难以置信的东西都变得真实可信。由于事实和虚构融合得天衣无缝，观众在离开影院时深信他们刚刚看到的就是事实。正是这种拍摄手法让他的第一部大片《大白鲨》(Jaws) 一经上映就引起轰动。令人惊讶的是，在那部电影中，他仅用一只笨拙的机械鲨鱼就达到了这种效果。后来，当赛泊计划的内幕于 2005 年 11 月被披露到互联网上时，由于之前《第三类接触》已经对全球大众文化产生了挥之不去的深远影响，所以在公众意识中，这并不是什么闻所未闻的稀罕事。

"公众习服计划"

在不明飞行物圈子里有许多人开始相信，史蒂文·斯皮尔伯格肯定掌握了一些绝密的军事信息，他的电影绝不可能"纯属杜撰"。有证据表明，由于他新现实主义的电影拍摄手法以及他的高人气，五角大楼钦点他参与一项缓慢披露机密信息的计划，即所谓的"公众习服计划"。他对电影题材的选择也从侧面印证了这种说法的可能性。他的好几部电影都很容易让人觉得与政府／军方可能的议程有关，是在以一种博取公众同情的方式披露秘密信息。例如，在 1982 年上映的《E.T. 外星人》(E.T.) 中，那个长相怪异的外星人凭借他的"心灵之光"获得了人们的喜爱。

然而，《第三类接触》这部电影的动机就有些含糊了，甚至可以说是神秘十足。肯定有人会问，如果这部电影也是"公众习服计划"的一部分，那么它为何会在这场绝密的国情局／空军行动进行的过程中上映呢？斯皮尔伯格是 1976 年开始拍摄《第三类接触》的，而赛泊探险队直到 1978 年才返回地球。如果拍摄这部电影的目的是让公众最终能够接受这项星际交流计划，那么这些信息就不该在计划圆满结束之前被泄露，因为这项计划可能会以赛泊探险队永远无法返回地球的灾难告终。

此外，也有人认为，也许是约瑟夫·艾伦·海尼克博士给斯皮尔伯格提供了有关赛泊计划的所有细节，但这种可能性很容易被排除。虽然作为这部电影的主要不明飞行物/外星人技术顾问，海尼克确实很方便向斯皮尔伯格透露一些消息，然而，尽管海尼克长期与政府的秘密不明飞行物活动有联系，但从他的文字和言谈举止中看不出一丝他对赛泊计划有任何了解的迹象。

此外，我们有充分的理由相信，海尼克对于电影的参与在很大程度上只是象征性的。他受邀参与电影的部分原因是他在1972年出版的著作《不明飞行物经验漫谈》中构想出了"近距离接触"（close encounters）这一概念，而电影也借用了这个说法，所以电影方才以这种方式来补偿他的冠名权。按照海尼克本人的说法，他对这部电影的帮助相当有限，他主要的兴趣在于了解电影的制作过程。也许是电影方想要进一步地补偿他，他得到了一个客串的机会出现在影片的最后一幕。

约瑟夫·艾伦·海尼克博士

剧本

1974年，斯皮尔伯格已经成为好莱坞一颗冉冉升起的导演新星，他是"电影小子"一代①杰出的成员之一。他们都是20世纪70年代才华横溢的年轻导演，代表人物有乔治·卢卡斯、马丁·斯科塞斯、弗朗西斯·福特·科波拉和布莱恩·德·帕尔马，他们注定要成就一番伟业。

斯皮尔伯格执导的《横冲直撞大逃亡》(*Sugarland Express*) 以及《大白鲨》取得的巨大成功不仅让他拿到环球影业的长期合同，还让他有权按照自己的意愿选择拍摄项目。他还可以与其他工作室自由开展合作。他在环球影城有一栋半私人性质的别墅，并在这里会见了许多大人物。后来，他结识了菲利普斯制片公司 (Phillips Productions) 的联合董事迈克尔·菲利普斯和他的妻子朱莉娅·菲利普斯。当时他们正处于巅峰时期，他们制作的电影《骗中骗》(*The Sting*) 获得了一系列奥斯卡奖项，包括1973年的奥斯卡最佳影片奖。

朱莉娅·菲利普斯认为斯皮尔伯格是好莱坞最具才华的导演之一，并极力想与他合作拍摄一部电影。斯皮尔伯格告诉朱莉娅，他想拍一部关于不明飞行物的电影。朱莉娅完全支持这个想法，并开始整合资源，以促成此事。朱莉娅当时正与编剧保罗·施拉德 (Paul Schrader) 和哥伦比亚影业公司总裁戴维·贝格曼 (David Begelman) 合作制作电影《出租车司机》(*Taxi Driver*)。

施拉德曾经写过一个名为《天国降临》(*Kingdom Come*) 的剧本，剧本讲述了一个专职调查不明飞行物的平民调查员卷入一场与空军的

---

① 指的是20世纪70年代在好莱坞创造历史的一代电影人，他们对经典时期的好莱坞电影进行了大胆的创新，影响了一代又一代的年轻观众。

麻烦，并最终决定与他的外星人朋友一起离开地球的故事。施拉德的
写作以残酷的现实主义见长，科幻题材是他新的尝试。朱莉娅把这个
剧本带给了斯皮尔伯格，他看后表示，这是个很好的开始，但需要大
量的改写。于是，朱莉娅便买下了剧本，斯皮尔伯格把它更名为"第
三类接触"。之后，她轻松地说服了一下子就喜欢上这个故事的贝格
曼，让哥伦比亚影业公司投资并发行这部电影。

好莱坞出品人朱莉娅·菲利普斯（1944—2002）

　　朱莉娅·菲利普斯在她的书《你再也不会来这个小镇吃饭了》
（*You'll Never Eat Lunch in This Town Again*）中提到，1975年的一个周
末，斯皮尔伯格坐在纽约的雪利荷兰酒店（The Sherry Netherland Hotel）
里重写了整个剧本，修改后的剧本里几乎找不到施拉德的任何痕迹，
所以在编剧署名里没有他的名字。鉴于斯皮尔伯格能如此迅速地在酒
店里写出这样复杂的剧本，而且没有做任何必要的事前调查，我们猜
测他提前就知道了这个故事。并且剧本中描述的所有情节都与赛泊计
划中实际发生的事实相吻合，那么这便是唯一合理的解释了。此后，

除了斯皮尔伯格同意的少数几处修改，剧本内容基本锁定到位。这种情况在好莱坞罕见。在好莱坞，撰写剧本的通常是编剧而非导演，而且这项工作常常需要数周或数月时间才能完成，写完之后通常还会根据制作人和工作室高管的意见进行诸多修改，可这个剧本是个例外。在朱莉娅·菲利普斯和贝格曼的支持下，除了斯皮尔伯格本人和他的助手，其他人不能修改剧本中的任何一个字。

秘密摄影棚

接下来的拍摄全程保密。《第三类接触》的摄影棚位于亚拉巴马州的莫比尔市（Mobile）附近，布置得很像一个绝密的军事基地。约翰·巴克斯特（John Baxter）在他的书《史蒂文·斯皮尔伯格外传》（*Steven Spielberg: The Unauthorized Biography*）中这样写道：

> 莫比尔市成了史上最与世隔绝的封闭拍摄地。演职人员在一个闷热的机库里工作、吃饭，有时甚至连睡觉都要在那里。虽然配备了足够30间大宅使用的重达150吨的通风设备，可那地方住起来相当难受……进出人员必须佩戴胸牌，就连住在摄影棚外那辆温尼巴格房车上的斯皮尔伯格本人也不例外。如果他忘记佩戴胸牌，也会被禁止进入摄影棚。剧本都有编号，且遵循"按需告知"的原则分发给相关人员。大多数演员只能拿到属于自己的那部分台词。

封闭拍摄这种做法很普遍，也完全可以理解，毕竟导演不希望电影情节在官宣之前被提前泄露，可与此同时，他们又希望激发观众对电影前期的关注，所以会允许一些小的可控的泄露发生。然而，在这部电影的拍摄过程中，安保措施异常严格，这显然需要靠一些特殊操作。我们可以合理推断，也许斯皮尔伯格知道他正在做的事情涉及高度机密的披露，所以他必须谨慎处理，以免政府以损害国家安全为由中止他的拍摄。

电影与事实

倘若有关赛泊计划的消息并不是由军方透露给斯皮尔伯格来执行"公众习服计划"，而他也不是从海尼克博士那里了解到的内幕，那么在情报分散化管理的情况下，对于这项只由极少数顶级情报人员和空军特工掌握的绝密计划，他又是如何获取那么多准确细节的呢？这些信息可能连约翰逊总统也不知情。1964年4月，埃本人的外星飞船首次在霍洛曼空军基地附近着陆时，那个由16人组成的外交欢迎团队中似乎没有约翰逊总统的身影。

我们从第八章中了解到，埃本人的那次到访只是带走了10具同胞的尸体，而并不打算带那些已经在登陆点附近的一辆大巴上等候并准备就绪的宇航员一同离开。那次的登陆场景没有出现在斯皮尔伯格的电影中，但影片高度还原了1965年7月在内华达试验场的第二次登陆情况。电影内容也与匿名者透露给维克托·马丁内斯并由他发布到赛泊网站上的全部细节完全吻合。

为了烘托戏剧效果，斯皮尔伯格修改了其中的一些细节。他知道这次访问是事先安排好的，他也知道这并不是一次官方层面的外交活动，与1964年那次不同。他还知道这次访问的时间是夏天，所以尽管拍摄的地点在寒冷的怀俄明州北部，但电影中每位演员都穿着短袖衬衫。

他知道埃本人用一种像唱歌一样的语言交流，所以才有了影片中五种声调的问候，以及外星母船着陆后如同唱歌般的"对话"。他知道宇航员是乘坐一辆大巴来的，所以在影片中有宇航员登上灰狗巴士（Greyhound）的镜头。他甚至知道埃本访客使用手语和地球人交流。这是一条只有少数人知道的机密信息，直到25年后才被匿名者发布在第六篇帖子中，且一笔带过。他知道赛泊计划一共挑选了10名男性和两名女性，或者说有可靠的证据使他相信这一点。

他知道这些队员是一群训练有素且纪律严明的军人，这从影片中宇航员登上飞船时展现的军人风范就能看出来。他知道他们需要超强太阳镜来保护眼睛，以免被赛泊星球上两个太阳的强光灼伤，所以影片中，宇航员也在登上外星飞船前戴好了眼镜。他知道有一个埃本人留在了地球上。他知道宇航员携带了大量的物资，所以影片中，运送

斯皮尔伯格于1976年拍摄《第三类接触》

物资的货车刷上了"小猪扭扭超市"①（Piggly-Wiggly）的标志。他知道那艘外星飞船巨大无比，因为它能装下宇航员携带的超过45吨重的设备和物资，而且他知道总统当时没有在现场。此外，电影中还有其他诸多微妙细节暗示了斯皮尔伯格知道内幕消息：探险队出发前给宇航员们做最后一次教堂礼拜的牧师称他们为"朝圣者"，而那些参加祷告仪式的宇航员也显得十分焦虑，甚至露出了绝望的神情，这暗示了他们知道自己会离开地球很长时间——赛泊计划原定在赛泊星球上待10年——斯皮尔伯格一定知道这件事，所以他要求演员将这些情绪表现出来。

至于斯皮尔伯格为何要将登陆点从1965年7月荒芜的内华达试验场改为充满戏剧性的怀俄明州布莱克希尔国家森林公园（Black Hills National Forest）中的魔鬼塔（Devil's Tower），这并不难理解。因为这一改动可以让他顺理成章地插入剧本的第一幕情节——男主角罗伊·涅瑞（Roy Neary）突然对脑海中浮现出的魔鬼塔形象变得十分痴迷。

涅瑞的这一转变源于他在他的卡车上遇到的一起"第三类近距离接触②"事件，自那以后，魔鬼塔的形象便通过心灵感应植入了他的大脑。这是一个复杂的概念，只有非常了解内幕的人才能理解。这种现象在许多外星接触者身上都出现过，可以追溯到乔治·亚当斯基③（George Adamski）。

此外，《蓝色星球：自证预言》（*Blue Star: Fulfilling Prophecy*，出版于2007年）一书的作者米里亚姆·德利卡多（Miriam Delicado）也遭遇

---

① "小猪扭扭"是美国历史上第一家没有售货员服务的百货商店，创始人是克拉伦斯·桑德斯，总部位于新罕布什尔州基恩市，20世纪20年代迎来顶峰时期。当时有人好奇问桑德斯为什么要为自己的连锁店取这么一个奇怪的名字，桑德斯笑着说："这样人们就会像你刚才那样发问了。"

② 第三类接触指与外星人进行直接接触，看清了不明飞行物，特别是看清了不明飞行物中的高级生命体。

③ 乔治·亚当斯基（1891—1965）曾表示自己拍到了来自其他星球的太空船照片，并与外星人见过面，甚至和他们一起飞行过。

过同样的事情。1988年，她在偏远的不列颠哥伦比亚省一条人迹罕至的小路上遭遇了"第三类接触"事件，随后她突然对新墨西哥州北部的船舰岩①变得痴迷起来，而在此之前她甚至不知道船舰岩的存在。

除非斯皮尔伯格阅读了大量书籍，才有可能从海量的不明飞行物接触文学中搜索到这类信息，然后将其嫁接到这个类赛泊故事中。不过这似乎不太可能，所以想必是某位情报机构高层向他传达了"第三类接触"这个概念。

怀俄明州的魔鬼塔

但男主对外星飞船不顾一切的奔赴这部分电影情节并没有事实根据。匿名者透露的信息并未提及有任何人不顾一切想要登上外星飞船，

---

① 位于美国新墨西哥州的一座像城堡一样拔地而起的孤山，是当地纳瓦霍族原住民的神山。

而且还被允许这样做。这实际上算是一个剧情漏洞，因为照常理来看，涅瑞不太可能会冲动到想要抛弃人类社会，抛弃家人，而前往一个遥远的星球和外星人一起生活。他没有这样做的动机，除非我们意识到他其实是个拥有人类形态的外星人。

事实上，导致他的这种心理的原因在电影中有所暗示——是埃本人激发了他的痴迷行为，而且最后埃本人还亲切地引导他登上飞船。说来也怪，在现实中，那些宇航员在赛泊星球上生活了13年后，竟然真的有两名宇航员决定留在那里，没有返回地球。

除了涅瑞的痴迷行为，斯皮尔伯格还将另一个先进概念"时间旅行"运用到了电影中。影片中，美国海军的19号战机于1945年"二战"时期在佛罗里达州劳德代尔堡附近失踪后，竟于1975年又完好无损地出现在墨西哥索诺兰沙漠中。看来，这架飞机穿越了时空，飞到了未来，而飞行员则被外星人绑架了，所以才有了电影的最后一幕，即飞行员和其他被绑架者一起从外星母船上被释放。斯皮尔伯格后来在他的另一部电影《回到未来》(Back to the Future) 中更详细地探讨了关于时间旅行的问题，这也是他的另一个兴趣所在。

消失在百慕大三角洲的19号战机

科学纪实片

从这一切可以明显看出，斯皮尔伯格背后显然有一个"内部知情人士"向他透露赛泊计划的详细信息。从时间上来看，这显然不是官方试图影响公众意识而提出的"公众习服计划"的一部分，而是某个"特立独行"的内部人员的故意泄露，为的就是让大众知道到底发生了什么。我们现在知道，军方高层的很多人都有这个可能。不过，这次特殊的泄密行动很可能来自国情局，因为只有他们才知道有关该计划的所有细节，而最终于2005年将这个故事披露在互联网上的匿名者正是国情局的退休官员。

由于匿名者多年来一直致力于将这些信息公之于众，因此他极有可能就是那个在30年前把故事透露给斯皮尔伯格的人！而且当时他应该就在积极地参与这项计划。无论如何，最有可能的情况是，鉴于《大白鲨》这部电影取得的巨大成功，一位在国情局任高职，又对时局心怀不满的理想主义者找到了斯皮尔伯格，向他讲述了这个一生难忘的故事。当时，年轻的斯皮尔伯格已经萌发出对科幻电影的热爱，于是他抓住机会，拍出了这部披着科幻片"外衣"的科学纪实片。

《第三类接触》是斯皮尔伯格首次涉足政府有关不明飞行物/外星人的机密领域，而且完全没有得到任何级别的官方批准。美国空军和美国宇航局都拒绝配合参与电影的制作。然而，这部电影的全球票房总计3亿美元，挽救了险些破产的哥伦比亚影业公司。著名科幻小说家雷·布雷德伯里（Ray Bradbury）称其为有史以来最伟大的科幻电影。该电影也获得1978年第50届奥斯卡金像奖的9项提名。2007年，美国国会图书馆宣布《第三类接触》因其"文化、历史及美学意义"而被收录进美国国家电影名册（National Film Registry）。直到这部电影大获成功之后，美国军方和情报部门的高层才明显注意到了斯皮尔伯格，并意识到他是为"公众习服计划"拍摄未来题材电影的最佳人选。

　　斯皮尔伯格或许是从他那位国情局联络人那里得知，"水晶骑士计划"是由肯尼迪总统签署实施的。后来，肯尼迪在距离外星人第一次登陆不到5个月的时候被暗杀，这件事几乎众人皆知。但斯皮尔伯格可能还了解到，一向反对政府保密的肯尼迪总统原本打算将该计划公之于众，而且可能还会对外星人的登陆进行电视实况转播。肯尼迪遇害那年，斯皮尔伯格年仅17岁，他或许跟我们所有人一样对此感到悲痛不已。也许他那时就暗下决心，将来一定要揭露这一事件的真相，哪怕只是以科幻电影的形式，以实现那位深受国民爱戴的总统的遗愿。当然，这一切只是猜测。但无论如何，我们都应该感谢史蒂文·斯皮尔伯格，因为有了他的努力，我们才最终得以看到这个故事。

附图 1　哈努布（Haunebu）IV 型『无畏舰』

附图 2　艺术家笔下的新士瓦本反重力飞碟和 U 型潜艇，作者吉姆·尼克尔斯（Jim Nichols）

附图3　艺术家笔下的罗斯威尔飞碟坠毁事件，作者大卫·哈迪（David Hardy）

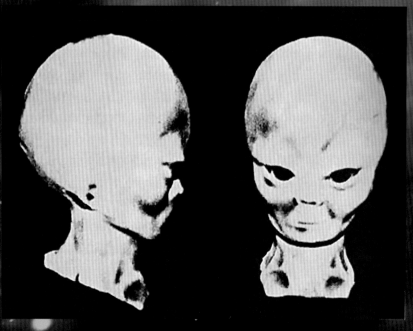

附图4　好莱坞艺术家艾伦·列维涅（Alan Levigne）创造的外星人雕像
（被认为和埃本人一模一样）

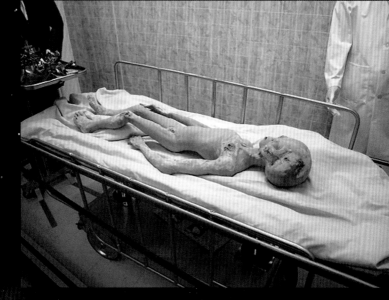

附图5　真实还原在罗斯威尔飞碟坠毁现场发现的外星生物模型（收藏于新墨西哥州罗斯威尔市罗斯威尔博物馆）。此模型原是电影《罗斯威尔》中的道具，后由电影监制保罗·戴维斯（Paul Davids）捐赠给该博物馆。这应该就是埃本人真实的样子。

附图6　艺术家描绘的在亚利桑那州金曼坠毁的飞碟

附图7 "东方一号"太空船

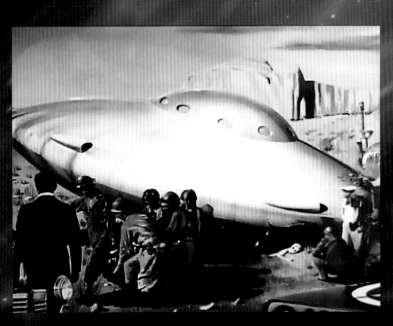

附图8 新墨西哥州达蒂尔附近搜救的第二架罗斯威尔飞碟

附图9　电影《第三类接触》中外星飞船着陆的场景

太空中的虫洞

虫洞是连接遥远时空区域的捷径。通过虫洞，在不同的时空区域之间穿行的速度可能比一束光在正常时空中传播的速度更快。

附图10　可穿越虫洞的假想示意图

附图 11　佛罗里达州的珊瑚城堡。不足百斤的爱德华·利兹卡（Edward Leedskalnin）
　　　　独自建造了这座城堡，每个重达 15 吨到 30 吨的珊瑚块都靠他一个人的
　　　　力量被搬动到合适的位置上。他声称使用了反重力技术。

附图 12　外星人的飞船穿越时空。由艺术家布雷特·菲茨帕特里克（Brett
　　　　Fitzpatrick）绘制。

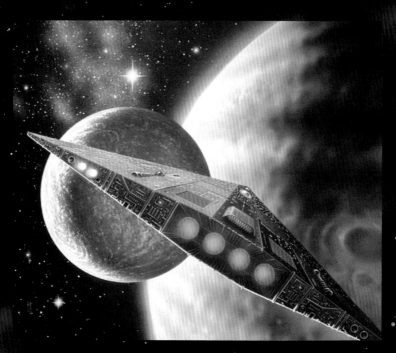

附图13 抵达（由艺术家大卫·哈迪绘制）

附图14 赛泊星球的两个太阳

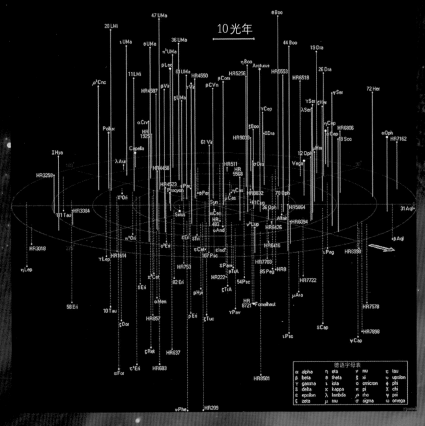

附图 15　距离我们的太阳 50 光年内的恒星图
（下半部分左起第十个为泽塔网状星系）

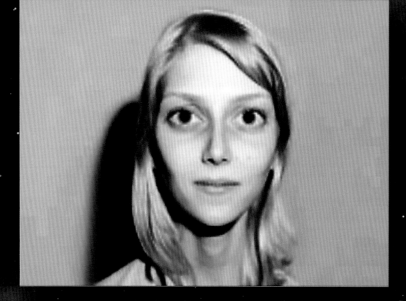

附图 16　一幅"灰人"外星人与人类混血女孩的推想图

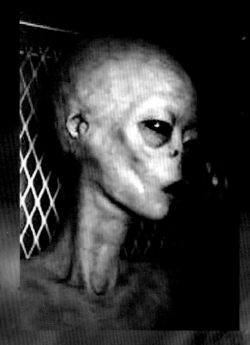

附图 17　这是外星人 J-Rod 吗?

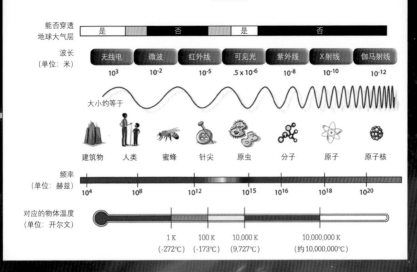

附图18 电磁波谱

附图19 《星球大战》

附图20　艺术家笔下的反重力汽车

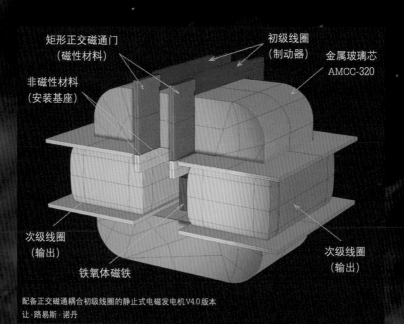

矩形正交磁通门
（磁性材料）

初级线圈
（制动器）

金属玻璃芯
AMCC-320

非磁性材料
（安装基座）

次级线圈
（输出）

铁氧体磁铁

次级线圈
（输出）

配备正交磁通耦合初级线圈的静止式电磁发电机V4.0版本
让·路易斯·诺丹

附图21　静态电磁发电机（美国专利号No. 6362718）

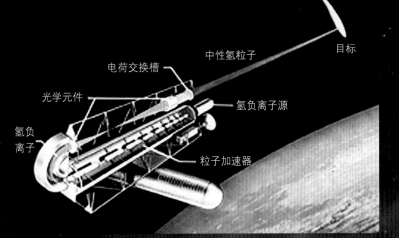

光学元件
电荷交换槽
中性氢粒子
目标
氢负离子源
氢负
离子
粒子加速器

附图22 为战略防御计划设想出的基于卫星的粒子束武器

附图23 古埃及神阿努比斯——半人半兽？

水星

金星

地球

火星

木星

土星

附图24 约翰尼斯·开普勒 (Johannes Kepler, 1571—1630)

附图25 蒙大拿州自然景观，与塞泊星球的第一象限类似

附图26 高级教士科拉多·巴尔杜奇阁下（Corrado Balducci，1923—2008），梵蒂冈教廷中外星访客学说的主要拥护者

探 险 队 培 训 课 程

TEAM TRAINING CURRICULUM

为了给披露的信息补充更多细节，论坛成员吉恩·罗斯克夫斯基（见序言）把这份培训计划发送给了匿名者。匿名者随后复制了这份课程清单，将其放进"帖子10"中，并发布到了赛泊网站上。显然，罗斯克夫斯基参与了赛泊计划，但尚不清楚他是否是国情局的官员。

太空探索概论（宇航局专家讲授）

天文学、恒星的识别、望远镜的使用和基础天体物理学

埃本人类学（从Ebe1那里获得的资料）

埃本历史（从Ebe1那里获得的基本资料）

美国陆军野战医疗培训（创伤护理）。这项培训只针对探险队中的非医疗人员。

高空训练——跳伞和失重/无氧环境培训（可能在佛罗里达州廷德尔空军基地进行）

生存、逃生和躲避训练

基础武器与爆破训练（携带约2.7千克的C4塑胶炸药）

心理战训练与反审讯训练

小组战术训练（美国陆军游骑兵短期集训课程）

情报收集课程

宇宙地质学——矿物采集方法及专业地质设备的使用

身体抗压训练

禁闭与隔离训练

营养课程

设备使用培训

个人专业培训

基础生物学

其他一些即使过了40年（1965—2005）仍被视为高度机密的培训项目

携带的物资与设备
SUPPLIES AND EQUIPMENT

2006年4月3日，匿名者在"帖子18"中将这份清单发布到了电邮论坛，并附言："维克托：以下是我们探险队带去赛泊星球的装备清单。所有的军事装备都是真的……至少在当时是这样。"匿名者所说的"真的"显然指的是这些设备都能正常使用。毫无疑问，最后的任务执行情况报告也囊括了这份清单的内容。

一、音乐。 探险队成员带了以下的音乐类型：

猫王（Elvis Presley）

巴迪·霍利（Buddy Holly）

瑞奇·尼尔森（Ricky Nelson）

金斯顿三人组（The Kingston Trio）

布伦达·李（Brenda Lee）

海滩男孩（The Beach Boys）

鲍勃·迪伦（Bob Dylan）

彼得、保罗和玛丽（Peter, Paul & Mary）

披头士（The Beatles）

洛丽塔·琳恩（Loretta Lynn）

西蒙和加芬克尔（Simon & Garfunkel）

冬青树乐队（The Hollies）

恰比·切克（Chubby Checker）

宾·克罗斯比（Bing Crosby）

狄娜·肖尔（Dinah Shore）

薇拉·琳恩（Vera Lynn）

汤米·多尔西（Tommy Dorsey）

泰德·刘易斯（Ted Lewis）

埃塞尔·默尔曼（Ethel Merman）

艾佛利兄弟（The Everly Brothers）

莱斯利·戈尔（Lesley Gore）

玛琳·黛德丽（Marlene Dietrich）

五黑宝合唱团（The Platters）

多丽丝·戴（Doris Day）

康妮·弗朗西斯（Connie Francis）

谢利斯合唱团（The Shirelles）

弗兰克·辛纳特拉（Frank Sinatra）

迪恩·马丁（Dean Martin）

佩里·科莫（Perry Como）

盖伊·隆巴多（Guy Lombardo）

格伦·米勒（Glenn Miller）

罗丝玛丽·克鲁尼（Rosemary Clooney）

阿尔·乔森（Al Jolson）

圣诞音乐（Christmas Music）

美国爱国音乐（U.S. Patriotic Music）

古典音乐：

莫扎特（Mozart）

汉塞尔（Hansel）

巴赫（Bach）

舒伯特（Schubert）

门德尔松（Mendelssohn）

罗西尼（Rossini）

施特劳斯（Strauss）

贝多芬（Beethoven）

勃拉姆斯（Brahms）

肖邦（Chopin）

柴可夫斯基（Tchaikovsky）

维瓦尔第（Vivaldi）

印度吟唱音乐（Indian Chanting Music）

西藏圣歌（Tibetan Chants）

非洲圣歌（African Chants）[最后三种音乐是专门送给埃本人的]。

二、服装。探险队成员带了以下服装：

24套专业飞行服

112套内衣（裤子/衬衫）

220双袜子

18顶帽子（包括丛林帽和普通球帽）

50种不同类型的鞋子

军装、承重带和安全带

军用背包

30条便服休闲裤

短裤

无袖衬衫

15双运动鞋

100双运动袜

8个运动护档

24套保暖内衣

24双保暖袜

6双防寒靴

军用夏装

60双军工手套

10箱军用卫生手套

6双防寒手套

10个洗衣袋

一次性手术手套

军用防晒夹克

军用防寒夹克

便装防晒夹克、防寒夹克

10双凉鞋

24个军用安全头盔

24个军用飞行头盔

1000码[①]用于缝补和制作衣服的面料

三、医疗设备。探险队成员携带了以下医疗设备：

便携式X光机

100个用于高级创伤护理的预包装医疗急救包（军用战地急救包）

胃、膀胱和直肠检查镜

眼科检查器材

120个预包装外科手术包（军用型）

120个预包装军用战地急救药包（包含各种药物）

30组军用战地医疗应急卫生用品套装

75个水样检测试剂盒（军用型）

50个水样检测试剂盒（民用型）

---

① 长度单位，1码等于0.9144米。

75个中风急救包

1200个食品检测试剂盒（军用型）

各类外科手术器械（500件）

5000包驱虫剂（军用型）

250个医用静脉注射试剂盒，带药液

16个预包装医学检测试剂盒（军用型）

50个预包装医学检测试剂盒（民用型）

5顶便携式军用医疗帐篷

2个便携式军用医疗部署工具包

18台军用医疗血液检测仪

3台便携式军用化学检测仪

2台高级生物检测仪（民用版）

15台军用放射治疗仪

各类医疗设备（总重量1000磅，约453千克）

四、检测设备。 探险队成员携带了以下检测设备：

100件地质检测用品

2台军用土壤检测仪

2台化学检测仪（民用）

6台辐射检测仪

2台军用辐射检测仪

2台生物检测仪（民用）

2辆100-cc[①]排量拖拉机

4辆100-cc排量挖掘机

———————————

① 容量单位，即立方厘米。

10个预包装军用土壤检测包

16架天文望远镜

2台军用观星仪

4台军用发电机（1～10000瓦）

4台民用发电机

实验性太阳能收集器（军用）

50台带FM调频的便携式双向收音机

6个军用作战无线电平台套组

50个预包装军用无线电维修工具包

1000根频率不等的发射管

30个预包装军用型电气检测及维修工具包

3台太阳能检测仪（军用）

1台实验性太阳能检测仪

10块带有集热器的太阳能收集板

10个空气样本采集包（军用）

5个空气样本采集包（民用）

6颗金刚石钻头

10套军用电子专用访问组件

重达1000磅（约453千克）的C4塑胶炸药和500个风帽

引爆线

定时引信

锥形装药①

1套核引爆组件

---

① 又名成形装药，是反装甲弹药中的一种常见技术。在一定距离外装药引爆，在高温高压作用下形成一条高速金属射流，以此穿透装甲。

五、其他设备及物品。探险队成员携带了以下设备/物品：

100条军用毛毯

100张军用床单

24个预包装军事作战部署工具包

80个预包装军用作战帐篷包

4套军用移动厨房部署组件

6个军用温暖环境应急补给箱

6个军用寒冷环境应急补给箱

2台军用野战气象仪

50只军用气象气球

24支军用手枪

24支军用步枪（M16）

6件M66武器

2架M40榴弹发射器

2根军用60毫米动力管（30发）

100枚军用照明弹

5000发.223弹药（用于M16冲锋枪）

500发.45弹药

60发M40弹药

15个氟利昂喷散器

15个压缩空气喷散器

20罐氧气

20罐氮气

切割设备及测试用的各类气体罐（20罐）

75只军用睡袋

60只军用枕头

55个军用睡垫

6个预安装军事作战部署生活平台

各类挂锁（250把）

各类绳索（总长1828米）

24件击退[原文如此]装备

10台深孔钻孔器

1000加仑（约3785升）燃料

4台军用留声机

10台军用卡式磁带播放器

10台盘式磁带播放器

60条皮带

10套军用声音采集设备组件

25套军事情报收集装备

其他各类物品（1000件）

六、车辆。探险队成员携带了以下车辆：

10辆军用作战摩托

3辆军用M151轻型吉普

3辆军用拖车

10个吉普车军用维修工具包

10个摩托车军用维修工具包

1台军用割草机[①]

用于上述车辆的燃料（1500加仑，约5678升）

[①] 他们显然认为可以将割草机的马达另作他用。——原书注

七、食品。探险队成员携带了以下食品：

C- 口粮

25个预包装容器

100个装有冻干食品的预包装容器

各类罐装食品（100箱）

维生素（可供7年用量）

100个装有能量棒/零食的容器

水（1000加仑，约3785升）

150个军事应急食品包

16箱酒

150箱饮料

口香糖、Lifesaver牌环形软糖及各类食品

八、其他物品。探险队成员携带了重达2000磅（约907千克）的其他各类物品。

赛 泊 星 球 档 案

SERPO STATISTICS

2005年11月7日，匿名者在"帖子3"中附上了这些统计资料，并附言："我们的探险队收集了赛泊星球的数据信息。随信为您的'不明飞行物话题清单'论坛附上相关资料。"由此可见，这些数据是由赛泊探险队在赛泊星球上收集的。

直径	11616千米
质量	5.06×10^{24}
与第一个太阳的距离	155,301,696千米
与第二个太阳的距离	147,094,041千米
卫星数量	2
自转周期	43小时
公转周期	865天
地轴倾斜度	43度
气温	最低6摄氏度/最高52摄氏度
与地球的距离	38.43光年
探险队为星球命名	赛泊
最近的行星	奥托
间距	141,622,272千米（埃本人殖民的星球，并设有研究基地，星球上无原住民）
最近的有生命体居住的行星	希洛斯
间距	698,455,296千米（这颗星球上居住着各类生物，但无原住民）

有关赛泊行星运动周期及测时方法的评论

SERPO PLANETARY MOTION AND TIME MEASUREMENT COMMENTS

匿名者披露的内容引发了热烈讨论。在赛泊网站上，有许多评论都认为赛泊星球存在科学差异和反常现象，还有一些评论则试图解开导致赛泊探险队耽搁3年才返回地球的时间悖论。为了填补缺失的信息，同时也为了给匿名者披露的内容增加更多深度，我将网站上所有这些评论都原封不动地转载于此。我尽可能做到了忠实地逐字保留那些评论内容，只是在某些必要的情况下进行了一些细小的更正。

看萨根博士对赛泊计划长达60页的评论（每一页基本是密密麻麻的运算）时，我发现其中一段指出，要想在赛泊星球上使用开普勒定律，就必须考虑到其万有引力常量会因受到两个太阳的影响而发生改变。虽然赛泊星球没有像地球那样同时受到像木星和土星这样的大行星吸引，但该星球的万有引力与萨根博士以往见过的任何星球都不同。许多数据和推测都支持这一观点。我稍后会把它们转发出来。请持续关注论坛……

对于网站评论区中持续的激烈讨论，我比较赞同论坛上一位著名物理学家的说法：对此的高级理论（基本得到论证）是牛顿的引力平方反比定律。对于一个简单的星系而言，开普勒定律是适用的，可以借此得出它的运动规律（如单颗行星围绕着一颗巨大恒星运行的简单情况）。然而对于复杂的情况（如单颗行星与两颗恒星或多颗行星相互作用），你就必须回到牛顿定律上来，解决多体问题，这就需要使用到计算机了。在这种情况下，开普勒定律只能用于粗略估计，因为它仅适用于最简单的情况。

——匿名者

这与其他数据也有冲突。看过 Ebe2 采访[1]的里克·多蒂说泽塔1星有11颗行星……泽塔2星远远落在这11颗行星的轨道之外。泽塔1星和泽塔2星并非近距离的双子星，它们相隔很远。天文观测也印证了这一点。根据 Ebe2 的说法，其自转周期是38小时，温度为18至32摄氏度，轨道倾斜度为54度。这些信息都来自该书中对 Ebe2 的采访 [见脚注]。波江座第五恒星是一颗 K2 型恒星，据估计，其年龄大约在5亿至10亿年之间。这么短的时间甚至不够变形虫的发育。匿名者说的很多事情都是准确的，但是有些地方说错了，或者是搞混了，这不免让我对其真实性产生了怀疑。

——评论于2005年11月7日

除了有关星球构造的信息，这里没有补充其他任何新东西。至于物理定律，你们的匿名者完全在歪曲事实。这两颗恒星泽塔1星和泽塔2星的轨道是观测事实，而不是用某种物理定律推算出的结果，尽管根据观察到的情况来看，所有星系、恒星和行星的运行规律都遵循这些定律。两颗星之间相隔5632亿千米，称为远距离双星，而且即使泽塔2星沿着椭圆轨道运行，开普勒定律也完全适用。Ebe1的星球……完全落在一个合理的位置上，详见下表。所以我认为匿名者的这种把戏就是为了说服大家相信他确实掌握了一些什么了不得的内幕。但请注意：在我看来，这些了不得的内幕中充

---

[1] 这篇采访记录在他的著作《豁免披露》中。详见第十六章。

斥着谎言与虚假信息。要想了解更多关于泽塔1星和泽塔2星的资料，请参阅链接http://www.solstation.com/stars2/ zeta-ret.htm。关于泽塔2星的情况，请参阅下表。Ebe1来自环绕泽塔2星运行的第四行星。第四行星所在位置距离泽塔2星1.12AU[天文单位]，这是一个非常适合居住的地方……请注意这颗行星的公转周期为432天，跟匿名者在赛泊报告中提到的荒唐的865天相差甚远。

泽塔2号星系的行星

行星	半长轴（AU）	周期（天）	周期（年）
网罟座1	0.14	8.9	0.052
网罟座2	0.28	54.0	0.1481
网罟座3	0.56	152.9	0.4196
网罟座4*	1.12	432.6	1.12
*这就是赛泊星球			

所以网罟座4（即赛泊星）的1年大约等于1.12个地球年，或432天。它在泽塔2号星系中的位置就和地球在太阳系中的位置一样，都位于"宜居带"上。泽塔2号属于G1V光谱级恒星，而我们的太阳是G2V级。

——评论于2005年11月9日

既然这支"外遣队"的测量设备无法正常工作，那为什么还要引用他们的数据呢？地球上的1千米和赛泊上的1千米是一样的吗？回想一下，现在提到的长度指的是光的波长，那么光的波长就值得信赖吗？在地球上，氖原子激发的红色光波长为6328埃，在赛泊星球上测量也是这个数值吗？赛泊星球上有氖原子吗？（他们的元素[和我们的]一样吗？）。

有人推测，在不同的宇宙中，普朗克常数可能有不同的值。如果赛泊星球位于另一个宇宙中，那么一切对于他们来说"正常"的东西，在我们看来就不一定了。（请"跳出盒子"思考问题！）你们中也许有人知道6328埃是红色氦氖激光的波长。假如在赛泊星球上放置一台氦氖激光发射器，用它向地球发射激光，在地球上接收到的波长也是6328埃吗？如果是，那么赛泊星球的长度单位和我们的长度单位之间就存在着一种简单的比率。如果不是，情况就复杂了，我们就不能按照地球上的物理知识来推导赛泊的参数。

卫星：赛泊星球有两颗卫星。这会造成多么复杂的潮汐？它们距离赛泊行星有多远？旋转周期有多长？一天43小时又是基于哪里的时间？除非这里的小时指的是地球时间，否则这个数据毫无意义。我们的时间衡量标准是每小时3600秒，每秒又是根据原子钟的振荡频率得出的。如果这些原子在赛泊星球上的运动遵循"另外一套节奏"，那么这不仅会引起波长变化（见上文），连频率（振荡的持续时间）也会发生改变。

另外，赛泊的一天又如何定义呢？到底是相对于一颗邻近恒星的旋转周期，还是相对于一颗遥远恒星的旋转周期呢？（我们测量过"太阳日"和"遥远恒星日"，二者略有不同，因为地球是绕太阳转的）。假设赛泊的"一天"等于我们的43小时，那么他们的一天中就有154,800秒，而我们的一天只有86,400秒（所有数字都是近似值），他们的一年等于我们的865天。他们的"年"与我们的年概念一样吗？很有可能不一样！对于赛泊星球上的人来说，要测量赛泊的旋转周期，他们会很自然地选择太阳而非遥远恒星作为参照物。假设他们的一天等于我们的43小时，那么他们的一年就等于我们的1.3×10^8秒，而我们的一年是3.1×10^7秒（所有数字都是近似值）。

之前，开普勒定律的适用前提是假设赛泊星围绕旋转的太阳质量与我们的太阳质量相同。然而，我可能错误地将他们的865天直接当成了"我们的"865天，也就是我们的2.37年。我应该把他们的一天算为43小时才对。这就意味着赛泊星的自转周期实际上是865/365×43/24＝4.2地球年。对于地球来说，用年和AU作为计量单位（1AU＝地球到太阳的平均距离），可将开普勒定律写成：(1)³/(1)²＝1(AU)³/(年)²。对于一颗围绕着与我们太阳质量相同的恒星旋转的行星而言，旋转4.2年可将开普勒定律写成：r³/(4.2)²＝1，最终算出的到恒星的平均距离为2.6AU或3.86亿千米，明显大于我之前计算的2.64亿千米。

这个太阳数据存在一个问题：如果严格地认为赛泊星球与一个太阳的距离始终是147,094,041[千米]，而与另一个太阳的距离始终是155,301,696[千米]，那么我们就得出了一个"不可能"的结果……至少我无法想象有哪种围绕两颗恒星旋转的行星能同时与它们保持恒定距离。

我能想象的是，这颗行星在围绕一颗恒星保持恒定距离运行的同时，根据两个太阳之间的相对旋转周期和行星公转周期（赛泊年），与另一个太阳的距离呈周期性变化。如果把赛泊星球的椭圆形（或更复杂的）运行轨道按照与两个太阳的平均距离来计算，那或许就能说得通了。

当然，这些太阳也会保持一定距离围绕彼此公转，所以如果赛泊星球确实沿着一个环绕两个太阳的轨道运行，那么它必然得绕着两个太阳做质心运动（除非有一些更复杂的轨道，像我之前提出的"8"字形或扭曲的椭圆形）。还需了解更多关于太阳、轨道等的信息。

——评论于2005年11月11日

好极了！当然还有一种可能，那就是赛泊的两个太阳比我们的太阳质量要轻一些，由此得出他们的太阳与我们的太阳质量比小于1，而非等于标准化的"1.0"（以地球轨道距离和地球轨道周期为基准——分别代表长度和时间单位），这意味着，与"地球-太阳"体系相比，在中央恒星与行星距离相似的情况下，赛泊星的公转周期更长，或者在相似的轨道周期下与恒星的距离更短。如果它们的年龄比太阳更大（相对于某一质量星体的预期寿命），那么它们可能已经开始进入氦燃烧阶段，亮度也开始攀升，这能让质量略低于太阳的恒星发出同样明亮的光芒。

在过去的100年间，我们偶有发现新的多体构型，但大部分研究都围绕着"平面空间"的限制性三体问题[①]（Restricted Three-Body Problem，简称RTBP）而展开。我可以想象两颗相似恒星存在的可能性——一颗小行星在围绕着两个太阳的质心沿一条"缓慢摆动"的轨道运行时可能会出现稳定的流形，而两个太阳之间的瞬时线大约就是其运行的"垂直"轴。我之所以给"垂直"二字加上引号，是因为我希望轨道分布不在一个平面上，而位于以两颗恒星的质心为中心的环面中。

然而，您在下面给出的表面重力加速度值（9.97和9.96 m/s^2）竟与地球的重力加速度值（9.806 m/s^2）出奇地接近，这种巧合难免让人觉得这些"数据"是您臆断出来的。

如果赛泊星球的体积与地球相似，但质量密度高于地球，那么我可以断定，在其地幔中类似氧、钾、镁、硫、硅等的元素含量可能比地球少，上层地幔岩石中的水合水含量必定更少，或许地壳孔隙空间也比地球的少。

——评论于2005年11月11日

---

① 指在二体问题的基础上，加入了一个对二体运动无影响的质点，研究该质点在二体引力作用下的运动。（引自《人类最美的54个公式》。）

我是一名军事科学家。以下是我看完赛泊资料后的一点儿心得体会：

"物理定律"是否适用于不同的星系，取决于它们的自旋，与网友们讨论的其他因素无关，因为这对网状双星和我们的太阳一样都属于银河系的一部分。此外，我们观察到其他星系发生的任何扭曲现象，或许是我们自己的星系自旋造成的，这是一种普遍现象，而不是那些星系真的发生了扭曲。

从逻辑上讲，我们无法将不同星系发生的扭曲现象放在一起比较，因为对于在第三方星系观察我们的观察者而言，这需要假设两边的观察是在同一宇宙时间发生的。换言之，如果有第三个观察者能够从其他维度将在地球上观察到的1个单位的时间（比如，一个铯原子的单次振荡时间）和在遥远星系的某颗行星上观察到的1个单位时间进行比较，这名观察者可能会得出结论（在排除其他所有变量后）：从他的角度来看，这两个时间单位是不同的，尽管另外两位身处自己星系的观察者所观察到并报告的结果是相同的。

铯原子钟在地球上每嘀嗒一次的时间是1秒。把另一台一模一样的铯原子钟放置在轨道上并以轨道速度运行，它嘀嗒一次的时间也是1秒。这种情况下，位于不同地点的观察者都同意1秒钟过去了，这是仪器上的读数告诉他们的。只有当你把这两台时钟放在一起比较时，才会看到明显的扭曲现象。然而，当你真的尝试将它们放在一起比较时，显而易见的是，同一个观察者永远不可能同时观察到两者的情况（感谢海森堡的量子力学理论）。因此，差异的出现并非是观察本身导致的，而是因为解读角度不同。

基本定理：只有通过在另一个宇宙中设置观察平台，观察者才能够发现并精准比较不同星系的自旋率不同所造成的扭曲。抛开事实不谈，除非赛泊星球的居民日常在天花板上和墙壁上行走，否则我们的物理定律在他们星球也同样适用。

——美国空军科学顾问团XX中校评论于2005年11月11日

现在我已经从三个来源得到了证实，已故的卡尔·萨根博士曾经参与过这个项目，而赛泊计划也为他1985年的小说和1997年的同名电影《接触》提供了创作灵感。

——评论于2005年11月14日

顺便提一句，上面的帖子"回复：牛顿的万有引力定律"中提到的"高级理论"只是"方程"的一部分。其他的部分还包括：

惯性质量和引力质量等价，以及公转产生的离心力使两个太阳保持平衡且避免发生碰撞：

$$M1\Omega^2R1 = M2\Omega^2R2$$

其中 Ω 是旋转角速率（$v1/R1 = v2/R2$）。每个M代表惯性质量也等于引力质量，这是爱因斯坦的引力论的基础。

这种离心力（两个太阳之间的相互拉力）是以两个太阳之间的中心连线的某个位置作质心并围绕其旋转所产生的结果。质心可以通过$R=R1+R2$和$M1R1=M2R2$求得，其中R是两个太阳之间的距离，而两个太阳之间的万有引力是$GM1M2/R^2$。当$M1=M2$时，质心位于两个太阳中心连线的中点。当其中一个太阳的质量大于另一个时，质心会非常靠近最重的那颗太阳的中心，而且当行星围绕这个质量较大的太阳旋转时它会保持"静止"。值得注意的是，最近的行星研究发现，如果一颗行星足够重，那么太阳-行星系统的质心就不会位于太阳的中心。在这种情况下，太阳绕质心运行，由此会在太阳光的频谱中产生多普勒频移现象。

——评论于2005年11月28日

埃 本 能 源 设 备
—— 水 晶 方 块

在赛泊星球上，探险队用水晶方块为他们所有的电气设备供电。在罗斯威尔飞碟坠毁现场也发现过一个水晶方块，后来被送到洛斯阿拉莫斯国家实验室，为一台用来和赛泊星球通信的设备供电。匿名者于2005年12月21日在"帖子11"中回答了关于该设备的问题。

问题：能否请你给大家讲讲在罗斯威尔飞碟坠毁现场发现的埃本能源设备[ED]？

匿名者：好的，我来回答一下这个问题。能源设备的外观是透明的，材质类似某种硬塑料。左下角有一块小的方形金属板，可能是芯片，那是其中一个连接点。右下角有另一个小的方形金属点，那是第二个连接点。用电子显微镜观察，这个能源设备里含有许多圆形的小气泡，气泡中包裹着极其微小的粒子。当能源设备开始供电时，那些粒子就会以一个测不出的极快的速度顺时针移动。

气泡周围还有一些不明液体。当能源设备对外供电时，这种液体会从透明变成浑浊的粉红色，液体也会升温至39摄氏度到46摄氏度。不过，只有那些液体会升温，小气泡不会。气泡始终保持着22摄氏度的恒定温度。能源设备的边线处有一些极细的（微米级）导线。当能源设备开始供电时，导线会变大。具体的变大过程由能源设备供电量的多少决定。我们对能源设备做了大量深入的实验。它可以满足我们的一切用电需求，小到0.5瓦的灯泡，大到整个房子都不在话下。它还能自动检测所需的电量，然后输出准确的数量。除去有磁场的设备，它适用于所有的电气设备。不知是什么原因，我们的磁场会干扰能源设备的输出。不过，我们已经开发出了一种屏蔽程序来修正这个问题。

有关水晶方块的其他信息被记录在一篇名为"关于五角大楼/水晶方块/内华达试验场的国家安全机密档案"的文件里。它作为"披露19"被发布到赛泊网站上，没有标明作者，也没有日期。以下是其中关于水晶方块的内容，标题为"关于CR（水晶方块——能量源）的更新内容"。

1. 自1956年以来，水晶方块被拿来进行了各类实验。大部分实验是由洛斯阿拉莫斯国家实验室或能源部的合约商来完成的。水晶方块的资料如下：尺寸为26厘米×17厘米×2.5厘米，重728克。有可能存在"两个"水晶方块，一个重668克，另一个重728克。在一份机密文件中有一个注释写着"PVEED-1[粒子真空增强型能源设备]"，这或许表明还存在一个PVEED-2。科学家们将水晶方块称为"粒子真空增强型能源设备"或"魔方"。

2. 还记得当水晶方块对外供电时在它内部移动的小圆点吗？我们的科学家研究发现，这些小圆点其实是带电（？）的反物质粒子。但科学家们仍然没弄明白这种反物质粒子在接收到"运动任务"之前是如何保持静止的。他们也没明白为什么水晶方块一接收到供电指令，里面的反物质粒子就会开始运动并产生能量。

3. 我们的科学家发现，水晶方块是由包含多种未知元素的不明材料制成。其中一种与碳类似，但不完全像我们都知道的那种碳。还有一种物质与锌相似，但有着不同的密度。

4.我们的科学家无法解释反物质粒子和中子的运动是如何产生的，以及在供电需求结束后又是如何消失的。

5.我们的科学家无法解释为什么水晶方块能保持22摄氏度的恒定温度。即使热量直接作用在水晶方块上，温度也依然是22摄氏度。他们无法解释这种现象。

6.有些科学家认为，水晶方块也许受到了地球轨道上某颗未知卫星的远程操控，然而，即使[当]它被屏蔽时，它仍然能正常工作。

7.当水晶方块接收到供电需求时，它会发出一个频率为23.450兆赫的信号。然而，当它接收到的供电需求增加时，频率会从23.450兆赫调整为46.900兆赫，或变为原始频率的两倍。反之，当供电需求减少时，频率会下降至1.25千赫，这是水晶方块在没有供电要求时的恒定频率。不过，不管它需要输出多大的电量，它发出的信号频率绝不会超过46.900兆赫！

8.还记得水晶方块上那些含有水平导线的小方块吗？经研究发现，这些导线与钨丝类似。它们会通过摇晃的方式将中子甩到液体中，以此来传导能量。当需要水晶方块供电时，小圆点会撞击导线。记住，只有部分导线会在水晶方块供电时发生反应或变大。科学家认为，只有某些特定导线会随着供电需求的增加而变大。不知是何原理，那些小方块的使用数量决定了能量输出的多少。

9.美国政府复制了一个水晶方块。那是在2001年制造的，而且竟然真的有用……虽然只有很短的时间。这次行动属于高度机密，后来这台设备在内华达州试验场爆炸了，造成两人受伤。

10.关于水晶方块的时间线如下：

1947年：水晶方块在第二个坠毁地点被发现。

1949年：洛斯阿拉莫斯国家实验室的科学家们首次用水晶方块进行实验。当时没有人知道那是什么东西，一些科学家认为它只是一个视窗。

1954年：桑迪亚国家实验室用水晶方块进行了几次实验，但仍然不清楚它的实际用途。

1955年：水晶方块被借给西屋电气公司（Westinghouse）进行实验。

1958年：水晶方块被借给康宁玻璃公司（Corning Glass）进行实验，以确定其材质。

1962年：在洛斯阿拉莫斯国家实验室进行了对水晶方块的首次"官方"测试，并将测试结果形成了一份机密报告。

1970年：科学家们确定水晶方块不仅仅是一个视窗。他们发现它的大小正好与航天器上的一个部位相匹配，科学家们确定水晶方块是某种能源设备。

1978年：水晶方块被确定为用来给航天器提供电力的高功率能源设备。

1982年：对水晶方块首次进行供能测试。

1987年：水晶方块被提供给E-系统公司①（E-Systems）进行广泛的测试。

1990年：水晶方块被证明是一个无限能量系统。科学家们对它的构造和内部进行了研究，但没有人知道它具体的工

① 美国的大型国防合约商雷神公司（Raytheon Company）的前身。

作原理。

1998年：水晶方块项目（"魔方"）正式启动，旨在加快对该设备的了解。

2001年：水晶方块项目（"魔方"）从洛斯阿拉莫斯国家实验室的"未来部门"转移到其"特殊项目K部门"。

11.目前［截至2002年9月］，水晶方块还保留在洛斯阿拉莫斯国家实验室的K部门。

埃本推进系统

附录 6 | THE EBEN PROPULSION SYSTEM

在"披露32"邮件中，匿名者回答了赛泊网站上的各种问题。以下是关于埃本太空旅行技术的问题。

问题：我们是否掌握了从埃本访客那里借鉴/复制的"传送门"技术或"瞬间移动"技术？

匿名者答：关于你的问题中的"传送门"，埃本人自己也没有开发出这项技术。他们已经掌握的是太空旅行技术，可以克服时间障碍，在茫茫太空中自由探险。至于我们自己的技术，我想我们今天应该还达不到他们的水平。我们并没有《星际迷航》中"传送我吧，斯科蒂"[①]那种技术。

匿名者把这个问题转给国情局的一位物理学家，后者给出了更详尽的答复。括号内的信息是维克托·马丁内斯补充的。

问题：通过与你们法律顾问的私下交流，我了解到，国情局六人小组中的一名成员是[理论]物理学博士……可否请他详细解释一下，埃本人具体是如何穿越无垠太空，克服遥远的空间距离和时间障碍的？因为他们看起来好像非常轻松就能从银河系的A

---

① 这是科幻片《星际迷航》中的一句著名台词，原句是"Beam me up, Scotty."。这句话是柯克舰长需要轮机长斯科蒂利用"瞬间移动"技术将他传送回飞船时说的。

点航行到 B 点。

匿名者：埃本人从空间的一点航行到另一点时，用了一种叫作"宇宙网格"的系统。他们的飞船能够以接近光速的速度飞行，从而进入一个扭曲的时空室，这能实时拉近起点和终点之间的距离。它类似于通过折叠空间让两个点——起点和终点靠得更近。记住，在过去的 5 万多年（我们的时间）里，埃本人一直在努力克服时间障碍，以完善这种空间旅行的方式。迄今为止，他们也的确将这种太空旅行模式打磨得十分完美了。

虽然我们已经获得了他们飞船的基础蓝图，包括推进装置和整体操作系统相关的，但是我们还没有完全吃透这些知识。他们使用的矿物燃料是我们地球上根本没有的[115 号元素，据罗伯特·拉扎尔的说法？]。那种特殊矿物类似于铀，但没有放射性，为飞船的推进系统提供了强大的动力。他们还使用了一种"空间位移"系统，其基本原理是让推进器前方形成真空，为飞船的推进排除一切干扰。

截至目前，我们无法理解他们是如何做到这一点的。但他们使用一种由微型核反应堆构成的真空室，从中能喷射某种物质进入太空，而这种物质能消除空气分子，并将很小的一部分空间变为真空。他们还让推进系统在飞船前方喷射出由反物质形成的能量"流"[波]，从而让飞船能够更轻松地穿越太空，而不会与大气发生任何摩擦①。

以上信息就是我们的物理学家成员给出的解释。

下面是 2005 年 11 月 20 日的评论：

---

① 从理论上讲，这种方式应该不适用于太空旅行，因为太空中没有大气。——原书注

丹·谢尔曼（Dan Sherman）在他的《黑色之上》(*Above Black*)一书中，揭秘了自己是如何接受训练并建立起与外星族群的心灵感应的。他能够接收到外星人的信息，却从未见过他们。谢尔曼说他了解到我们人类的"时间"对"他们"来说是不同的概念。虽然他们和我们一样也会变老，但是并不像我们现在这样受到物理学时间概念的束缚。他们远距离旅行的方式在很大程度上依赖于对时间的操纵，但并不像我们理解的那样。

谢尔曼问过那些外星人他们能否穿越时间：例如，他们能否回到过去或前往未来？

他得到的答案是，想要见证发生在其他时间的实像是不可能的。如果要回到过去，那就必须假设存在一个参考点，然后才能以此向后或向前穿越，但这是不可能的。从本质上讲，他们"无法穿越时间，只能绕过时间和走出时间"。谢尔曼说他一直不明白这句话是什么意思。他们的推进方式利用了"时间"和电磁能。此外，他们还说我们的太阳很特别，以后总有一天我们会明白它是如何运行的，到那时我们也能使用他们那种方式航行，只是条件规模没有他们那么庞大，毕竟他们有两个太阳。

以下内容摘自2005年11月22日的评论：

你们可能也知道，现有文献中有大量信息都佐证了丹·谢尔曼的说法，那些信息据说都是我们和外星生物打交道的一手资料。

具体来讲，外星"时间"的本质根本不是我们想象的那样。在许多情况下，这些生物甚至说过"时间"是不存在的。我觉得他们的意思应该是说，对于他们自身和科技而言，时间的概念是不存在的。毕竟，如果你能随意回到过去和去往未来，"时间"还存在吗？如果你有一个传送器，可以瞬间把你带到地球上任何你想去的地方，你或许就会说（那种技术让）"距离"不存在了。如果在顷刻间你就能移动到另一个地方，那么距离还重要吗？从理论上讲，完全不重要！距离不再是旅行的阻碍，而我们目前说的距离障碍还包括跨越那个距离所需要的时间。有人觉得时间才是其中最主要的因素。不然的话，我们为什么要制造出速度越来越快的喷气式飞机和超音速飞机，只为更快抵达目的地呢？

我深入研究过一个案例，其中提到，这些生物几乎能够瞬间"跳"过一个我们根本无法想象的距离。那些研究人员说，一旦技术达到可以进入宇宙某个"超维区域"的程度，穿越数百万光年的时间也就是眨眼间的事儿。我们的科幻小说描绘过这样的场景，但我们大多数人根本不相信。可是，如果这都是真的，就像前面传送器的例子，那么距离和时间就只是两种概念，而不再是障碍了，那么它们自然也就"不复存在"了。显然，这是一个技术性的问题，是一种理论想法，因为两点之间的公里数不会变，只是穿越这段距离所需的"时间"消失了。尽管如此，为了便于制订工作计划，一些用于船员换班，以及设置睡觉时间、会议时间等的计时系统仍然有存在的必要，让一切可以同步进行。

以下是"披露26A"邮件中的内容，原文来自菲利普·詹姆斯·科索上校的著作《罗斯威尔事件后记》：

我们无法用传统的技术手段来解释罗斯威尔飞碟推进系统的运行原理。因为它既没有原子能发动机，没有火箭，没有喷气式飞机，也没有任何类似螺旋桨驱动的推力形式。那架飞碟能够利用磁波的传导来抵消重力，并通过调整飞碟周围的磁极来控制航向，所以它并不是由动力推进，而是由同极性电荷之间的排斥力来推进的。

一旦意识到这一点，我们国家的几家重点国防合约商的工程师们便争先恐后地展开研究，试图弄清楚那种飞碟是如何维持电容量的，以及驾驶它的飞行员又是如何在这种充斥着磁波的能量场中存活下来的。在诺顿空军基地最初的几年测试中，关于飞碟本身的特性和飞行员交互界面的情况很快就得到了披露。

空军发现整架飞碟就相当于一个巨大的电容器。换句话说，飞碟本身储存了足够的能量来传导帮助它上升的磁波，从而使它达到摆脱地球引力的逃逸速度[①]，并以超过11,265千米/小时的速度飞行。

对于飞碟里的外星人而言，他们不会像在传统飞机里那样受到巨大重力加速度的影响，因为重力都被挡在了环绕飞行器的磁波之外。也许这就像是在飓风的风眼中航行一样。那么，这些飞行员是如何与他们制造的磁波进行交互的呢？

秘密就在那些生物穿的连体紧身衣上。仔细观察这种奇怪的面料，你会发现上面的原子都是纵向排列的。由此可见，飞行员似乎通过某种方式参与了飞碟蓄电和放电的过程。

他们的作用可不光是操纵飞碟那么简单……他们融入了飞碟的整个电路系统，他们能像你控制肌肉运动那样控制着飞碟的运行。通过与他们的神经系统相连，整架飞碟仿佛变成了他们身体的延伸，而这种人机交互的方式直到今天才被我们使用。

因此，这些生物之所以能长时间生活在高能的磁波环境中，是因为他们把自己变成了主电路中的一环。那件从头裹到脚的制服保护着他们，同时也让他们与飞碟或者说磁波合为一体。

---

① 逃逸速度一般指第二宇宙速度，为人造天体无动力脱离地球引力束缚所需的最小速度。不计空气阻力的数值达11.2千米/秒。

在1947年，这项科技对我们来说无比新奇，不免让人心生恐惧与失落。倘若我们当时能研发出这种能在车辆周围产生持续稳定的磁波的能量源，那么我们就能利用这种技术制造出比各种火箭和喷气式飞机更了不起的交通工具了。如今，距离那架飞碟落入我们手中已有半个世纪[现在是60年]了，我们仍在努力攻克这一难题。①

---

① 正如第三章中提到的，科索上校对于自1953年以来就一直进行的外星飞碟复制计划并不知情，因为他的权限不足以让他了解这一机密。当他在1997年撰写那本书时，我们已经研制出一架反重力飞行器了。——原书注

埃本人的宗教信仰

E B E N   R E L I G I O U S   B E L I E F S

以下内容摘录自"披露28"，未注明日期，匿名者在邮件中提到了被他称为OSG（Our Special Guest，即"我们的特别嘉宾"）的埃本人和教皇本笃十六世（Pope Benedict XVI）在华盛顿特区的会晤。这次会晤发生在教皇于2008年4月访问美国期间，随后埃本人在格鲁姆湖与梵蒂冈代表会面。通过这些访问，我们才有机会将埃本人的宗教观和信仰与天主教做比较。

埃本人每次的访问期间，梵蒂冈的代表都在场。教皇对埃本人的宗教活动特别感兴趣。埃本人崇拜一位神，教皇觉得他们的神和我们的一样。埃本人敬拜神的方式与我们不同，但差别也不算太大。事实上，OSG["我们的特别嘉宾"，指的是埃本"大使"]带来的以神为主题的工艺品中的神与我们的[基督教]上帝出奇的一致。

一些埃本人的画作和雕像中的神与我们的神非常相似。事实上，就连他们那位神（几千年前出现在赛泊星球上，并为那个星球创立了宗教教派）的传说也和我们的差不多。埃本人吟唱的圣歌翻译过来也与我们的相似。埃本的圣歌包含26节，他们会在每天下午（赛泊时间）祈祷的时候重复这些内容。他们的吟唱有点儿像西藏人诵经的感觉。在埃本人每年的特定日子里，他们会把圣歌唱出38节。额外12节的内容是关于帮助过埃本社会的"天使"的，用我们的话翻译过来就是"圣徒"。这些信息之前从未被披露过。

埃本的基本信仰/宗教很简单，然而，他们的仪式却非常复杂。埃本人崇拜一位主神，他们称之为"实体"，此外他们还有其他的宗教符号来分别指代被他们称为"子实体"的宗教实体。这一点也类似于我们圣徒的概念。

埃本人对死后生命的信仰也与罗马天主教堂和一些东方宗教的教义类似。当埃本人死亡后，[他或她的]灵魂[原生质体]被这些子实体（圣徒）从身体中取出并洗净一切罪孽。之后，灵魂会被带到天堂与中点（天主教徒称之为"炼狱"）之间。等灵魂做好准备后，它便会立刻被带往"至高无上的高原"（天堂），并在那里得到永生。

从这里开始，埃本人的信仰变得复杂起来。有些灵魂（被称为"安排妥当者"，这是他们的说法）会做好准备返回活人社会，即他们生存的那个世界。埃本人认为，如果他们在日常生活中完成了某些行为，他们就可以通过另一具躯体回到原来的世界，这在地球上叫作"羯磨"。埃本人相信轮回和灵魂永恒，不相信动物或其他太空种族的死敌有灵魂。

以上信息或许能让人们持续关注有关"赛泊计划"的内容，直到有一天国防部门向我们公开所有的档案及材料为止。

APPENDIX NO.8
附录 8

国 防 情 报 局
THE DEFENSE INTELLIGENCE AGENCY

本节内容出自赛泊网站管理员维克托·马丁内斯之手。他给出了一些关于国情局的深入信息，有助于我们了解他们所倡导的公开透明政策。国情局的这一主张在政府情报系统中是独树一帜的。

国情局由6个不同部门和联合军事情报学院（前身为国防情报学院）组成。这6个部门包括：

- 管理部
- 分析部
- 人工情报部 [Human Intelligence，简称 HUMINT]
- 信息管理与首席信息中心
- 情报联合参谋部
- 测量与特征信号情报 [Measurement and Signature Intelligence，简称 MASINT] 兼技术采集部

国情局总部位于五角大楼，其延伸部门国防情报分析中心和联合军事情报学院一样位于华盛顿特区西南部的博林空军基地 [赛泊计划的全部档案都保存在博林空军基地，其中包括收录了数千张埃本文明照片的大型相册、赛泊星球的动植物和土壤样本、埃本音乐的录音，以及其他访问赛泊星球或在赛泊星球上被克隆出来的外来物种照片]。国情局有一部分雇员驻扎在马里兰州的武装部队医疗情报中心（Armed Forces Medical Intelligence Center），还有的驻扎在亚拉巴马州的导弹和空间情报中心（Missile and Space

Intelligence Center)。此外，国情局的部分武官还被分配到世界各地的美国大使馆，担任各统一军事指挥部的联络官。在俄罗斯，对应美国国防情报局的平行机构是"俄罗斯军事情报局"（俄语英译为 Glavnoye Razvedyvatelnoye Upravleniye，简称 GRU [格勒乌]）。

序幕：故事的开始

1947 至 1949 年，国防部 [Dept of Defense，简称 DOD] 的创立似乎并没有带来国防活动的统一。各军种都拥有 [各自的] 情报组织。事实上，保留这种情报自主权正是军方在参与创立中情局的审议过程中提出的主要诉求。然而，有不少的情报活动是需要跨军种或跨部门进行配合的。因此，设计和组建一个新的情报组织来满足今后更广泛且不断增长的情报需求显得尤为重要。

国情局的诞生

1961 年 10 月 1 日星期日，美国国防部正式创立了国防情报局，以协调军队的情报活动。国情局的作用是为参谋长联席会议 [Joint Chiefs of Staff，简称 JCS]、国防部长和美国联合战区的军事指挥官提供情报服务。作为美国情报界的高级军事情报部门，国情局相当于一个战斗支援机构，为美国军队、国防决策者和美国情报界的其他成员提供全方位的情报。根据 1958 年的《国防部改组法案》（*Defense Reorganization Act*），美军成立了联合军事指挥部，但是，只要每个军种还拥有自己的情报组织，联合军事指挥部就无法获取统一的情报。由此可见，这些情报组织阻碍了情报信息的自由交流。

尽管国防部早在 1959 年就对其情报体系进行过专门的"内部整顿"，但因迥异的情报评估及各种官僚内讧引起的抱怨，最终激发了肯尼迪政府创立国情局。肯尼迪总统在第一次国情咨文中说：

"我们总是不能在需要采取行动的时候果断出击，从而[造成]决策与执行、计划与现实之间的差距越来越大。"

国情局成立于1961年，是约翰·肯尼迪总统和他的国防部长罗伯特·S.麦克纳马拉的心血结晶。作为提供独立信息的军事情报机构，它规避了各军种之间的"地盘争夺"问题[参见本节末]。

国防部长罗伯特·S.麦克纳马拉创立国情局后，将协调情报评估作为其首要任务。此前，这项任务一直是由各军种单独完成的。国情局作为情报界的一员，按理说，应该担负起中情局局长[DCI]和国防部长名义上的责任。而且，按照最初的设置，国情局局长承担了参谋长联席会议J-2（情报部）的职能，且国情局至今仍为J-2提供支持。国情局在1961年成立之初，其总部原计划秘密吸纳包括军人和平民在内的至多250名员工。

国防部改组

各军种保留了各自的情报机构（即空军情报局、陆军情报局和海军情报局），并继续在各自范围内开展情报培训，为作战情报、内部安全和反间谍活动等制定条令。此外，各军种还保留了其他的一些职责，但国情局也有权过问，其中包括收集技术情报，以及为参谋长联席会议的研究提供情报支持。

国情局常常通过重组和游说五角大楼来提高其在情报界的话语权。但它在履行职能收集军事及相关战略情报时，必须依靠比如国家侦察局[National Reconnaissance Office，简称NRO]得到卫星和战略侦察飞机获得的军事信息，依靠国家安全局[NSA]来制作和破解密码，还要依靠中情局得到从外国情报机构获得的军事情报。例如，如果中情局"策反"了一名俄罗斯格勒乌官员，国情局必须通过中情局才能获得这名格勒乌官员的信息。

截至1975年，国情局已经拥有4600多名员工，每年投入预算估计超过2亿美元。然而，随着冷战的结束，国情局遭受了极其沉重的打击，员工被裁减了四分之一。前中情局局长[DCI]海军上将斯坦斯菲尔德·特纳（Stansfield Turner）在1986年写道："国情局知道自己笼罩在更强大的中情局阴影下，所以为了维护自己的独立性，它经常和中情局唱反调……通常，对于国情局提出的相反主张，中情局无法予以支持，也不会支持。"特纳和他的诸多中情局同僚一样，对国情局无能力主导各军种之间竞争的行为提出了批评。

当时，陆地和海上指挥官的情报网络和信息传导体系也发生了巨大的变化。1991年2月，国情局开始为五角大楼和19个军事司令部的大约1000名国防情报人员和作战人员制作闭路电视广播。

当代的国情局

今天，美国的国防情报网络联播节目是经过加密的，只能在经过授权的设备上观看。节目内容包括来自国安局的航空卫星侦察图像及音频报告。"我们要像CNN做新闻那样做情报工作。"五角大楼的一位官员在接受《华盛顿邮报》采访时如是说。

国情局还向联合国维和部队和美国反恐行动提供情报，同时还协助参与执法机构的禁毒行动。国情局业务能力有了显著提高，正是因为军方改变了对情报的态度，情报不再被视为非专业军官职业道路上的死胡同。

尽管国情局被认为是一个军事机构，但在20世纪80年代中期，其工作人员中大约60%都是平民。有时，国情局会发现自己夹在其军方客户（参谋长联席会议及相关组织）和来自国防部的平民客户之间左右为难。参谋长联席会议主张通过分析局势来支持其某个偏好的立场；而平民客户则对军事分析持怀疑态度，因为这种分析往往倾向于对冲突或战争持更悲观的假设。

1995年，随着原国防部副部长约翰·马克·多伊奇（John M. Deutch）被任命为中情局局长，国情局迎来了一次复兴。多伊奇在五角大楼任职期间，对国情局的发展倍加关注，并在其内部创立了国防人工情报部[Defense HUMINT Service，简称DHS]，授权该部门负责管理海外代理商及独资公司。

自2003年12月萨达姆·侯赛因被捕后，美国政府钦点中情局牵头开展对其的审讯工作。曾在伊拉克执行大规模军事行动的国情局专家们也加入了审讯探险队。此外，国情局的分析师也一并参与了搜寻大规模杀伤性武器的行动。

国情局与中情局的"手足之争"及情报地盘争夺战

所谓"手足之争"，不过是中情局的一个惯用术语，用来指那些受雇于其竞争对手国情局的员工。两个机构之间的非官方竞争从1961年国情局成立时就已经开始。起初，有部分中情局官员认为国情局侵犯了他们的管辖领域。也有人认为，国情局过于介入中情局控制的间谍卫星行动。事实上，这种竞争也源于财政问题，因为双方在争夺政府的预算资金。然而，鉴于中情局局长同时拥有协调权和监管权，中情局在美国情报界的地位要高于国情局。今天，国情局有效削弱了单个军种在战略情报领域的力量。

深 空 探 测 器

DEEP SPACE PROBES

除了众所周知的"旅行者号"太空探测器，美国自 1965 年以来一直在秘密向太空发送其他探测器。我们现在从匿名者那里了解到，发送这些探测器的目的是与赛泊星球建立一个可靠的通信系统。宇航局前航空航天工程师克拉克·麦克莱兰（Clark McClelland）在 1999 年说："国安局有几架探测器在执行'机密'任务期间，是从肯尼迪航天中心发射升空的。他们趁着夜色在严密的安保下，将探测器装载到航天飞机上，只有极少数技术人员获得批准参与其中。执行'机密'任务的机组人员全都是受过特殊训练的男性军事宇航员。"

匿名者向我们提供了有关这些探测器的信息：

> 国安局 / 宇航局联手开发了新技术来探索宇宙。他们已经部署了以下深空探测器，用于和外星人建立联系。它们形成了一种通信中继系统。除此之外，我们所知甚少。

以下清单列出了我们已知的探测器信息：

1965 年：首架深空探测器，代号：帕蒂（Patty）

1967 年：第二架深空探测器，代号：斯温（Sween）

1972 年：第三架深空探测器，代号：达科他（Dakota）

1978 年：第四架深空探测器，代号：未知

1982 年：第五架深空探测器，代号：未知

1983 年：第六架深空探测器，代号：未知

1983年：第七架深空探测器，代号：未知

1983年：第八架深空探测器，代号：莫伊（Moe）

1985年："亚特兰蒂斯号"航天飞机STS-51-J任务搭载发射的太空探测器，代号：魔鬼鱼（Sting Ray）

1988年：第九架深空探测器，代号：琥珀之光（Amber Light）

1988年：第十架深空探测器，代号：凉鞋（Sandal Slipper）

1989年：第十一架深空探测器，代号：科克尔峰（Cocker Peak）

1992年：第十二架深空探测器，代号：闪烁之眼（Twinkle Eyes）

1997年：第十三架深空探测器，代号：风筝线（Kite Tangle）

外星飞碟逆向工程
——一份解密计划报告

BACK-ENGINEERED ALIEN CRAFT　A DISCLOSURE PROJECT STATEMENT

作为"解密计划"（The Disclosure Project）的发起人，史蒂文·格里尔（Steven Greer）博士采访记录了数百名亲眼见证或亲身参与过绝密不明飞行物及外星人事件的知情人士。他对已故的比尔·乌豪斯上校的采访视频被上传到了YouTube视频网站，视频中乌豪斯被贴上了"证人#2"的标签。这段拍摄于2000年10月的视频具有极其重要的价值，因为它证实了自1953年开始，外星科学家就在51区帮助我们研发反重力飞行器，而且正如本书第五章中所记录的，他们利用的模型正是在金曼找到的那架飞行器。

比尔·乌豪斯说：

我在海军陆战队工作了10年，其间有4年，我又以平民身份为美国空军测试飞机。我在部队服役期间担任的是战斗机飞行员，[我]后来参加了"二战"后期的战斗和朝鲜战争，最后我是以海军陆战队上校的身份退役的。

我直到大约，嗯，1954年9月才开始研究飞行模拟器。离开海军陆战队之后，我加入了赖特-帕特森空军基地，为美国空军效力，帮助他们为不同型号的飞机做飞行测试。

我在赖特-帕特森空军基地工作时，有一个人找到了我——我不会说他姓甚名谁。那人[想]问我是否愿意到一个研究创意设备的地方工作。好家伙！研究的居然是飞碟模拟器。至于他们做了哪些工作：他们把我们几个选了出来，然后又把我重新分配到了"链接航空"公司（Link Aviation）。这是一家飞行模拟器制造商，当时，他们正在打造C-11B、F-102、B-47等不同型号的模拟器。他们想让我们在真正接触飞碟模拟器研究之前先积累经验，而后来的模拟器研究我一干就是三十多年。

我想应该到了20世纪60年代初（大约在1962年或1963年）才有飞碟模拟器正式投入使用吧。我之所以这么说，是因为直到1958年左右这台模拟器的功能才基本得以完善。这台模拟器用来模拟操作一架直径30米的外星飞碟，正是1952年还是1953年在亚利桑那州金曼坠落的那架。

那架外星飞碟原本是外星人想送给我们美国政府的礼物。它降落在了距离一个陆军空军基地大约24公里远的地方，但这个基地现在已经废弃不用了。转移那架飞碟时遇到了一些问题：最大的困难就是如何将它搬上运载车送到51区。由于道路问题，他们无法带着它穿过大坝，所以只能用驳船从科罗拉多河走水路运输，然后沿93号公路前往刚刚动工修建的51区。那架飞碟上载有4个外星人，那些外星人也去了洛斯阿拉莫斯国家实验室接受测试。

他们在洛斯阿拉莫斯国家实验室为这些外星人专门开辟了一块区域，并安排特定人员——天体物理学家和科学家向他们提问。我听到的故事版本是只有一个外星人会和实验室里的那些科学家交流，其他的外星人则保持沉默，不和任何人说话。你知道吗，一开始科学家认为外星人是靠超感知觉或心灵感应进行交流的，可这种说法在我看来简直是天大的笑话，因为他们会讲话，或许讲话的方式与我们不同，但他们的的确确是会讲话和交流的，只不过当时[在洛斯阿拉莫斯]只有一个外星人开口罢了。

这架飞碟和他们见过的其他飞碟的不同之处在于，这架飞碟的设计要简单得多。那台飞碟模拟器上面没有安装反应器，[但]

我们在里面留了一个地方，不过里面放的不是反应器，而是6个大电容，每个电容都充了100万伏电压，所以这些电容器总共有600万伏的电压。这是有史以来最大的电容器了。这些特制的电容器能持续工作30分钟，让我们进入模拟器，对其进行必要的操控，比如启动模拟器、让飞碟运行之类的。

不过，事情没那么简单，因为我们只有30分钟时间。进了模拟器之后，你会发现这里没有安全带，实际的飞碟里同样没有安全带。不过安全带并不是必需品，因为当你驾驶飞碟倒置飞行的时候，你不会感觉像在普通飞机里那样上下颠倒——你完全察觉不到。对此有个简单的解释：在飞碟内部有单独的引力场，所以即使你是倒置飞行（对你而言），你的感觉始终是正面朝上的。怎么说呢，如果人们有机会亲眼看到，理解起来就简单了。我在前期测试的时候进过真实的外星飞碟。里面没有窗户，我们只能通过录像机之类的设备观察到外面的情况。好在操控驾驶舱里的仪器是我的拿手好戏，而且我早知道那里有引力场，也知道如何做适应训练。

由于飞碟内部存在特殊的引力场，待其启动后，里面的人就会出现大约两分钟的反胃和眩晕症状，你需要很长时间才能适应。飞碟的内部空间非常狭窄，就连举手的动作也变得相当复杂。你必须接受训练，训练自己的大脑去接受你即将要感受和体验到的一切。

在飞碟里走动也很困难，但过了一段时间你就会习惯，然后也能做到，这并不难。你只需要知道一切都在什么位置，以及你[必须]了解你的身体将会感知到什么变化。其实，这和你驾驶普通飞机时或从潜水状态中出来后重新接受重力没什么差别。这是种全新的体验。

每一位参与飞碟设计的工程师都属于前期测试组的一员。我们的工作职责是检查我们放入飞碟的所有设备，确保它们能像我们预期的那样[正常运行]。我相信我们的机组人员已经把这些飞碟送入了太空，并且可能花了很长时间来训练足够的人员。这架飞碟最大的问题在于它的设计和各个方面都有非常严格的标准。它不能像我们今天使用的飞机那样投掷炸弹，或者在机翼上安装机枪。

整个设计过程十分严苛，不能有任何画蛇添足的动作，一切都必须精准到位。设计中最重要的一点就是把东西放到合适的位置上。比如说，飞碟的核心应该放在什么位置，或者某个设备要放在哪里。即使我们在设计时把飞碟高度抬高了0.9米，好让高个子也能顺利进入，可实际的飞碟还是恢复到了其原有的配置大小。还是得提升高度才行。

我们开过很多会议，我还和一个外星人开过会。我称呼他为J-Rod，当然，我是跟着他们叫的。不知道是不是他的真名，但语言学家就这么叫他。在离开那儿之前，我照着他在一次开会时的样子画了张素描，一幅外星人与地球人合作的艺术画……我把画拿给一些人看过。

外星人常常和[爱德华]泰勒博士还有其他几个人一起出现，他们偶尔会解答我们遇到的问题。但你要知道，我们只能讨论自己职责范围内的话题，"超纲"的内容坚决不能谈论，一切都遵循"按需告知"的原则。而[外星人]，他会说话，但他只是模仿我们说话，就像鹦鹉学舌那样，不过，他也会尝试回答问题。很多时候他都理解不了我们的问题，如果不把问题写在纸上并解释得清清楚楚，他多半无法给出一个合理的解答。

身穿人类衬衫的J-Rod素描画。由退休机械工程师比尔·乌豪斯根据该外星实体与物理学家爱德华·泰勒及其他科学家在20世纪70年代或80年代初的一次科学会议上的形象绘制

与这个外星人见面之前，我们做了许多功课，差不多查看了世界上各种不同民族的资料，还去了解了其他形式的生命体，甚至包括动物之类的。这位J-Rod，他的皮肤是粉色的，有点儿粗糙，长得并不可怕，至少在我看来是这样。

我所在的团队里有些人甚至从没得到过像我这样的机会……他们给我们做心理测试的时候，我心里怎么想的嘴上就怎么回答，没有任何顾虑。他们想知道如果你感到沮丧会怎么办，但我从未有过这种困扰。至少我不会把这种事情太挂在心上……基本上，外星人只会提供工程建议和科学建议。比如，我们在做出运算后，需要他们进一步的帮助。我记得有一本书，嗯，其实也不算是书，而是一套收集了各种引力技术的资料汇编，关键要素都在里面，不过缺少一些信息，即使是我们最优秀的数学家也无法解出答案，在这种情况下外星人就会提供帮助。

有时你会钻进一个牛角尖，一遍遍地尝试，可最终还是做了无用功，这时他[那个外星人]就会介入，他们会请外星人看看我们哪里做错了。在过去大约40年间，不包括模拟器在内（我说的是最终的飞碟），我们打造了大大小小差不多二三十架呢。

我不太了解[那些外星人]带来的飞碟，但金曼那架飞碟我是知道的，仅此而已。我还知道是哪家公司把它从金曼拖走的，那公司现在还在。对了，还有一家做特殊化学品的公司也参与了。

我觉得人们看到的那些三角形应该是两三架直径30米长的飞碟。至于它们的周长……嗯，你可以放心大胆地猜。只要满足设计标准，那些飞行器能够正常运作。

你知道吗，这一切因为某些原因是需要保密的，我能理解这一点，这就像他们造出第一颗原子弹时的情况一样。不过，他们现在在飞行器设计方面已经遥遥领先了。正如我之前告诉诸位的那样，到2003年，这些东西大部分都会公之于众。也许公开的方式不能让每个人都满意，但他们肯定会尽量用一种恰当的方式向所有人展示。嗯，等着大吃一惊吧！我之所以这么说，是因为我签的保密协议将在2003年到期，而且我不是唯一一个签署过保密协议的人……至于那套引力资料汇编，如果你能得到其中哪怕一册的内容，你将登上世界之巅。请拭目以待吧！

APPENDIX
NO.11

附录 1 1

摘自里根总统1981年3月的简报会

EXCERPT FROM PRESIDENT REAGAN'S BRIEFING OF MARCH 1981

在本节附录中，"管理员"继续向罗纳德·里根总统做汇报。在本书的第三章——"罗斯威尔事件"中，他向里根总统汇报了那起飞碟坠毁事件及其后续情况。这里，他将给出关于赛泊计划的详细信息。

管理员：总统先生，1964年，我们安排了与埃本人的第一次会面。我先给您介绍一下背景吧。Ebe1是机械师，不是科学家，但他还是教了我们一些埃本语。我们的语言学家在学习他们的语言时显得非常吃力，因为那种语言是由不同的声调而不是单词组成的，不过，我们还是能够翻译出一些基本词语。Ebe1向我们展示了他们的通信设备。那东西看起来很奇怪，由3个部分组成。组装好后，设备就会发出像我们的摩尔斯电码那样的信号。不过有个问题，外星飞船在1947年坠落后，通信系统有一部分遭到了破坏。Ebe1无法修复它，直到后来我们的科学家找到了一些可以替换受损部件的替代品。通信设备修复好以后，Ebe1就把我们的消息发了出去。至于发出去的是什么内容，我们就只能选择相信Ebe1了。

不难想象我们的军事指挥官对这一切作何感想。因为Ebe1发出去的说不定是求救信号，并最终导致外星人入侵。当然，这种情况从未发生。Ebe1在去世前一直在帮我们发送消息，可当他去世后，我们就只能靠自己了。我们能够简单地操作这台设备。我们曾在（1953年）六个多月的时间里用它发过好几条消息，但没有收到任何回信。

总统：打断一下，Ebe1有收到任何回信吗？

管理员：先说回消息，总统先生，Ebe1总共发出了6条消息。一条是告知他的星球他还活着，而他的同伴们都死了；第二条消息汇报了两艘飞船的失事；第三条消息是请求救援；第四条是提议他的领导人与我们的领导人会面；最后一条消息提出了某种形式的交流计划……

威廉·凯西：总统先生，我们稍后再谈这个。

总统：（没听清）……什么……交流计划？

威廉·凯西：总统先生。我们会用几个小时的时间汇报这个话题。

总统：我们有过这样的计划吗？

威廉·凯西：总统先生，我能私下和您谈吗？

总统：好，可以……你是说现在？（没听清）

威廉·凯西：我们先把这个问题放一放，继续汇报剩下的内容。

总统：好。

管理员：总统先生，我们认为他并没有收到回信，不过也不能完全肯定。但是，在接下来的18个月里，我们的科学家调整了努力的方向，终于在1955年成功发送了两条信息，并收到了回复。但我们只翻译出了大约30%的内容，所以不得不求助于几所不同大学的语言专家，甚至还联系了国外大学的几位专家。最终，我们成功翻译出了大部分的信息。我们决定用英文回复，看看那些埃本人翻译我们的语言会不会比我们翻译他们的更容易。

总统：埃本人发来的回信是怎么说的？这样看来，我猜他们应该没收到Ebe1发的消息吧？还是说他们拖了这么长时间才回复？哦，对，Ebe1在我们收到那些信息前就去世了。请继续。

管理员：总统先生，在我们收到的第一条回信中，他们确认收到了我们的消息，还问了那两艘失事飞船船员的情况。那条信息里还附上了一串数字，我们认为是一种坐标。

总统：好，所以他们是想知道飞船坠落在地球上的具体坐标？飞船船员的情况他们肯定也是要打听清楚的。我们有没有告诉他们那些船员当中只有一个活下来了？不对，等等，我敢肯定这是Ebe1在发送消息时汇报的头一件事。Ebe1是军人还是什么？

管理员：总统先生，我们认为Ebe1是为他们的空军或者像宇航局这样的机构效力的。

总统：好，请继续。

管理员：谢谢您，总统先生。最终，我们把大部分的信息内容都翻译出来了。正如我刚才提到的，我们决定用英文回复。大约4个月后，我们收到了一条用蹩脚的英文回复的消息。那些句子里有名词和形容词，但少了动词。我们花了数月时间来翻译这条信息。后来，我们给埃本人发了一套英语拼写教程。

埃本人的通信设备并不复杂，由一块电视屏幕和一个键盘组成，键盘上有多个不同的埃本字符，但具体显示什么字符是由按下某个按键的次数决定的。我们成功地把英语单词转换录入了该设备的第二部分，这部分类似我们的传真传输系统。我们的科学家花了不少时间才完成这一步，而且取得了成功。6个月后，我们又收到了一条英文回信。这次的内容就清楚多了，不过还有含糊的地方。埃本人搞混了几个英语单词的意思，而且还是造不出一个完整句子。

总统：哎呀，看来我和他们半斤八两呢（笑声）。我只是无法想象一个外星种族居然能看懂我们的语言。我们地球上有数千种不同的语言，而他们的赛泊星球上却可能只有一种。这真是太不可思议了。

管理员：是的，总统先生，我也想象不出生活在一个只讲一种语言的星球上是什么体验。我们教了他们如何用英语简单交流。这需要时间，他们也明白我们的苦心。在一次回信中，他们给我们发来了一份与英文字母相对应的埃本字母表。我们的语言学家想破脑袋才终于把它弄懂了。埃本人的书面文字只是一些简单的字符和符号，我们的语言学家很难把它们和英文字母对应起来。

在接下来的5年里，我们理解埃本语的能力逐步提升，埃本人也能更好地理解英语了。可是，我们遇到了一个大麻烦——如何协调埃本人登陆地球的日期、时间和方位。虽然我们可以基本理解一些埃本语，埃本人也可以理解一些英语，但是我们根本搞不懂他们的时间和日期系统，他们也搞不懂我们的。

我们给他们发了地球的自转和公转周期以及我们的日期系统等，可不知是什么原因，埃本人始终无法理解。同样，埃本人也给我们发了他们的系统，但我们的科学家也理解不了，因为我们对他们的星球一无所知。而且埃本人也没有向我们解释过赛泊星球或者他们那个星系的任何天文日期。后来，我们决定发送给他们一些地球和地标物的图片，以及一种简单的计算时间周期的系统。我们在尝试使用他们的传真系统发送图片时遇到了很多问题，所以我们不能确定他们有没有接收到我们发送的内容。

后来，我们收到了埃本人发来的一些奇怪信息，上面只有几个大大的问号，显然是对于那些图片的回应。后来，我们决定把他们未来着陆点的范围缩小到新墨西哥州的飞船坠毁点，我们断定他们有那个位置的坐标，因为Ebe1肯定在他去世前将这个坐标发给了他的星球。我们确实在那两艘坠毁的飞船中找到了几张"星图"……嗯……反正我们是这样叫的。

要读懂那些"星图"可不容易，因为它们是在一个方块面板上显示的，我们后来发现那种面板是放在坠毁飞船里某台仪器的仪表盘里的，仪表盘启动后，面板上就会显示星系图。事实上，我们把所有能找到的面板都放进了仪表盘，从而看到了许多不同的星系图。后来，我们请天文学家来破译这些星系，他们很快就确定了那些是什么星系，而且，我们还在星图中发现了几个奇怪的点。

我们断定这些点就是Ebe1之前描述的空间隧道的位置。我们的天文学家拿不同的星图做了对比，发现它们不是连续的。也就是说，有的星图可能来自宇宙的某一部分，而有的则是更靠近他们星系部分的星图。我们的科学家得出结论，星图上那些奇怪的点代表的是从一个空间点直达另一个空间点的捷径。为了研究这些星图，一些顶尖的天文学家也参与到了该计划中，但我敢肯定，他们得到的信息一定少得可怜，这一点还是遵循了"按需告知"的原则。

总统：好的，这信息量可真大。哎呀，嗯……我有一肚子的问题要问呢，不过我想我还是先等等吧，我现在有点儿急事要处理一下。我们先休息，稍后再接着聊这个话题。

威廉·凯西：总统先生，您需要多久呢？

总统：嗯……比尔，我来看看（停顿了很长时间）。我需要给一些人打电话谈点儿别的事情。给我一刻钟吧，好吗？

威廉·凯西：没问题，总统先生，我们在这儿随时候命。

总统：我认真听了这场汇报。我有很多问题，我想这些问题可能跨越了几个不同的保密层级。我倒也不想把它们全部搅在一起，只是我看到了政府的官僚主义。这或许是我作为总统可以改变的一件事情！比尔，让他们继续汇报吧。

威廉·凯西：总统先生，您希望听同一个人讲吗？

总统：对，接着刚才的话题继续。

威廉·凯西：好的，管理员，你讲吧。

管理员：谢谢。Ebe1还活着的时候，给我们看过两台设备，一个是通信系统，另一个是能源设备。如果不接通能源设备，通信系统就无法启动。最终，一位来自洛斯阿拉莫斯国家实验室的科学家弄懂了这两个系统，并把它们接通了。Ebe1死后，我们自己也可以发送消息，这一点我之前也提到过。Ebe1和他的监护人——那位美国陆军少校建立了深厚的友谊。

他们俩决定在给赛泊星球发的5条信息中，提出一项让埃本人与我们的军事人员进行交流的计划。还记得吗，我之前说过Ebe1一共发出了6条消息。第六条信息的内容就是地球上的登陆坐标，这在当时没有明确记录。虽然我们没有事无巨细地过问Ebe1和少校之间的沟通情况，但正如我之前所说，我们最后成功地与埃本人建立了通信联系。

在接下来的几年里，我们能够向赛泊星球发送信息，并接收来自他们的信息。而且，我们收到了埃本人发来的一条令人吃惊的消息。他们提出想访问地球，取回那些埃本宇航员的遗体，并与地球人会面。他们给出了时间、日期和地点。我们由此判断，埃本人应该一直都有到访地球，而且可能还绘制出了地图。不过，他们定的日期是在大约8年后。我们的军方认为这不太合理，也许埃本人把地球时间和埃本时间弄混了。经过后来一连串的信息交流，最终确定埃本人将于1964年4月24日星期五登陆地球。

总统：我们是怎么确定这个日期的？

管理员：总统先生，这些信息交流持续了好几年。在那段时间里，我们对彼此的季节变化有了深入认识，他们是根据地球的运动和我们的时间周期得出的。我们推算出他们的一天有40个小时。他们的智商比我们高一些，所以也掌握了我们的语言和我们的时间周期。

总统：好，有道理。但是……（没听清）……关于……（没听清）……那些外星人？

管理员：总统先生，我们确实对他们的语言有了基本的认识。

我们可以理解一些简单的单词和符号。相比之下，他们对于我们语言的理解更深。

总统：好的，那后来呢？

管理员：嗯……

威廉·凯西：总统先生，后来的事情就变得非常有意思了。

总统：好，我洗耳恭听……（没听清）

管理员：我们的政府，特别是MJ-12，开始秘密碰头策划登陆事宜。我们不断调整具体方案。从我们收到他们告知具体登陆日期那天算起，到他们真正造访地球，我们大约只有25个月的准备时间。经过数月筹划，肯尼迪总统决定成立一支特别军事探险队来执行这项交流计划，并指定美国空军负责牵头此事。

美国空军官员从民众当中挑选了一些优秀的科学家来协助策划工作和队员遴选。探险队成员的遴选是最难的一步。具体的方案一改再改，迟迟定不下来。策划者花了几个月的时间才最终确定每位队员的遴选标准。他们决定，挑出的每位队员都必须是职业军人，单身，且无子女，而且必须接受过不同的技能训练。

威廉·凯西：管理员，你只要讲一些大的方面就可以了。我认为总统并不想知道每一个细节。

总统：嗯，如果我有时间，我会（没听清）……但是，我可以理解。

管理员：总统先生，最终挑选出的探险队由12人组成，可就在那个时候，肯尼迪总统突然去世了。全国上下都很震惊，想必您也很清楚……

总统：是的，每个人都大为震惊。我能理解约翰（肯尼迪）去世对这个项目造成的影响。

管理员：后来上台的约翰逊总统继续推进了这个项目。当约定的会面时间到来时，我们也做好了准备。着陆点在新墨西哥州，一切都已准备就绪。为了防止消息泄露，我们还编造了一个假的着陆点。后来，埃本人顺利登陆，我们也为他们举行了欢迎仪式。可是有件意想不到的事情发生了，他们那次并不准备接受我们的交流探险队，所以一切都被搁置了。直到1965年，埃本人在内华达州登陆时，我们派出的12名队员才正式出征，而他们也留下了一个埃本人。

总统：一个？为什么只有一个？

威廉·凯西：总统先生，我们看到的报告中没有明确记录这一点。

总统：那个埃本人……是他们的大使吗？

威廉·凯西：嗯，差不多。我们称其为Ebe2，我们稍后会谈到的。

管理员：总统先生，我们的12人探险队在赛泊星球足足待了13年。原计划是10年，但由于他们星球上奇怪的时间周期，队员们才多待了3年。1978年，8[实为7]名队员返回了地球，两名队员死在了那个星球上，还有两人决定留在那里。

[注：队员#308（飞行员#2）在前往赛泊星球的为期9个月的旅途中死于肺栓塞，所以一共只有11人安全抵达。]

总统：好的，这太神奇了！我现在终于懂那部电影了。那部电影其实是取材于真实事件。我看过那部电影，里面有12个人和理查德·德莱福斯一起离开了[1977年上映的电影《第三类接触》]。

威廉·凯西：总统先生，是的，电影情节和真实事件很相似，至少电影的最后一幕是这样的。

"公众习服计划" 揭秘纲要

A FRAMEWORK FOR PUBLIC ACCLIMATION

以下文件是由另一位知情人（非匿名者）提交给维克托·马丁内斯并发布到赛泊网站上的。如果这份文件确实出自MJ-12，那一定是最高等级的机密。这是一份非常了不起的文件，不仅定义了"公众习服计划"的目标，更是通过仅仅12条简短的声明就揭示了我们所秘密了解到的关于外星人的一切。

MJ-12探险队——纲要：1999年7月30日

以下内容有关外星生命的真相，待通过"公众习服计划"披露。

1.在其他星球和宇宙中的确存在智慧生命。

2.有非人类设计或制造的飞行器正在地球的陆地、海洋上和天空中穿梭绕行。

3.除人类外，还有其他智慧生物在这个星球上执行各种任务。这些生物来到这里已有数万年了。

4.有些外星人的身体与人类相仿，还有一些与人类不同（例如杂合体、类昆虫或爬虫类外星生物）。这些智慧生物在本质上可以是实体、非实体或跨维度存在。

5.宇宙中存在着各种各样的生命，正如我们地球上存在各种生命形式一样。

6.一些外星生物能够通过先进的技术或其他手段穿越时空。

7.外星生命形式的灵性进化可能超前、持平或落后于其技术发展水平。

8.这些生物的社会取向、社会动机和活动形式非常丰富多元。在那些外星智慧生物中，有一部分对人类十分友好。

9.在很多情况下，"绑架现象"是真实事件。这类事件非常复杂、安排缜密，且带有目的性，通常发生在一个家庭的几代人中。

10.人类已经和不止一种外星物种发生过杂交配种行为，混血儿童和混血成人也的确存在，他们同时具备人类和外星种族的特征。

11.尽管当代地球上大多数的第二类和第三类接触事件一直笼罩在神秘之中，但这层面纱正随着民众及政府指派人员的介入而慢慢被揭开。"公众习服计划"的目的是在不冲击和扰乱社会稳定的前提下让公众接受外星生命存在这一现实。

12.如今，大量有关"不明飞行物"和外星人的信息充斥着公共领域。数不清的书、视频和互联网站都围绕着这些主题。美国政府已有数千页记录了特殊的第二类和第三类接触事件的文件被公之于众。

目前，已有许多专业研究人员和学者对不明飞行物/外星人现象进行过调查，并发表了相关研究结果，这将帮助公众进一步接受这一现象。有了以上可靠的纲要作支撑，公众和政府的主要成员将能够更好地接受、评估和深入解读即将出现在他们面前的海量证据。

赛泊计划纪实短片

SERPO TEAM DEBRIEFING FILM NARRATION

本节内容是Youtube视频网站上一部名为《盒子里的电影》（http://youtu.be/SZqtzKW4hH4）的短片文字记录。该短片来源不明，但内容似乎是真实的。只是里面提到的两位幸存者308和754与我们所知他们已经死亡的事实有所出入。可能是视频里的人弄错了，要么就是他得到的情报有误，不过，他提到的最终返回地球的人数（7人）是正确的。

随着视频的开始，标题写着"赛泊计划之初探及采访"，之后出现的是赛泊计划的档案编号。开场镜头还展示了空军特种作战司令部的盾牌标志，下方还有一行字："最高机密，仅供MJ-12翻阅。"这些画面结束后，视频里出现了一名空军军官坐在办公桌旁阅读一份文稿。他似乎是一位二星将军，胸前别着翼形徽章及纹饰，他身上的制服像是60年代末期的款式。

他的发言内容如下："感谢大家为执行这项重要任务而付出的巨大努力。你们的发现将有助于对抗当今世界上存在的反民主势力。你们带回来的技术和对外星生物实体的深刻认识，为我们长久以来的努力添上了至关重要的一笔。我们的地球被多种不同的外星生命实体造访过。经查明，有部分外星物种对我们怀有敌意，但也有部分是善良的。赛泊计划的实施大大提高了我们对那些外星生物实体动机的理解能力，如各位所知，探险队中有部分队员没能返回地球。你们挺过了极度的酷热、时间扭曲、不间断的光照以及营养不良。你们为国家以及和平民主的文明奉献了非凡的勇气，赢得了荣光。这一切将永远伴随着我们。"

这是短片的第一部分。接下来的第二部分标题写着"任务重新分配说明会"。以下是发言文字稿："为了第二阶段任务的顺利进行，你们将接受新的安排调度。102、203、225和308派驻SR3，700和754派驻沃尔特·里德（Walter Reed），420派驻蒙托克（Montauk）[①]。和平民主的文明能否得以延续，就取决于你们能否成功地将你们的见闻传递出去。我们都将继续致力于这项重要的工作，并严格履行保密义务。"

[①] "蒙托克" 是位于纽约州长岛南岸最东端的村落，美国陆海空军与海岸防卫队都曾在此驻扎；"沃尔特·里德" 指的或许是 "沃尔特·里德陆军研究所"（Walter Reed Army Institute of Research）；无可考证资料表明SR3是何缩写。